JOHN GRAND-CARTERET et LÉO DELTEIL

LA CONQUÊTE de L'AIR
vue par l'image

(1495-1909)

ASCENSIONS CÉLÈBRES
INVENTIONS ET PROJETS
PORTRAITS
PIÈCES SATIRIQUES
CARICATURES
CHANSONS ET MUSIQUE
CURIOSITÉS DIVERSES

SOMMAIRE DU FASCICULE I

(Texte et Images)

LIBRAIRIE DES ANNALES, 9, rue Bonaparte, PARIS

L'Aéroplane
pour tous

C'est ici un recueil, un recueil d'images pittoresques et curieuses, documentaires et historiques, avec quelques notes de-ci de-là, et quelques brèves explications là où essentielles.

C'est l'ouvrage qui manquait, qui était à faire au moment où expériences et expositions aérostatiques se présentent de tous les côtés et attirent tous les regards.

Les Histoires des Ballons *ne se comptent plus depuis les* Recherches sur l'Art de voler *(1784) jusqu'aux dernières et somptueuses publications du regretté Tissandier. Mais si intéressantes, si précieuses qu'elles soient, pour l'histoire de la conquête aérienne, ces histoires se lisent peu ou point.*

Ce que le public demandait, c'est ce que nous lui donnons ici : des pages d'images variées, en quelque sorte les feuilles volantes de l'aérostation ; *des feuilles jetées au hasard, pour ainsi dire, brouillées avec intention, permettant de passer du grave au sérieux, pour ne point fatiguer le lecteur et qui se trouveront remises en place par le classement méthodique qui s'effectuera à la fin du volume. Puissent ces* images volantes voler *de main en main ! C'est ce que souhaitent auteurs et éditeurs.*

L'Idée de l'homme volant à travers les âges

Les hommes volants imaginés par le crayon fécond de Goya

Modo de Volar (Manière de voler).

Pièce gravée par François Goya antérieurement à 1810 (eau-forte mêlée d'aquatinte) et faisant partie de la série *Los Proverbos* (Les Proverbes) publiée pour la première fois en 1850. (Collection A. Geoffroy frères.)

Projet de machine volante resté à l'état de pure fantaisie imaginative

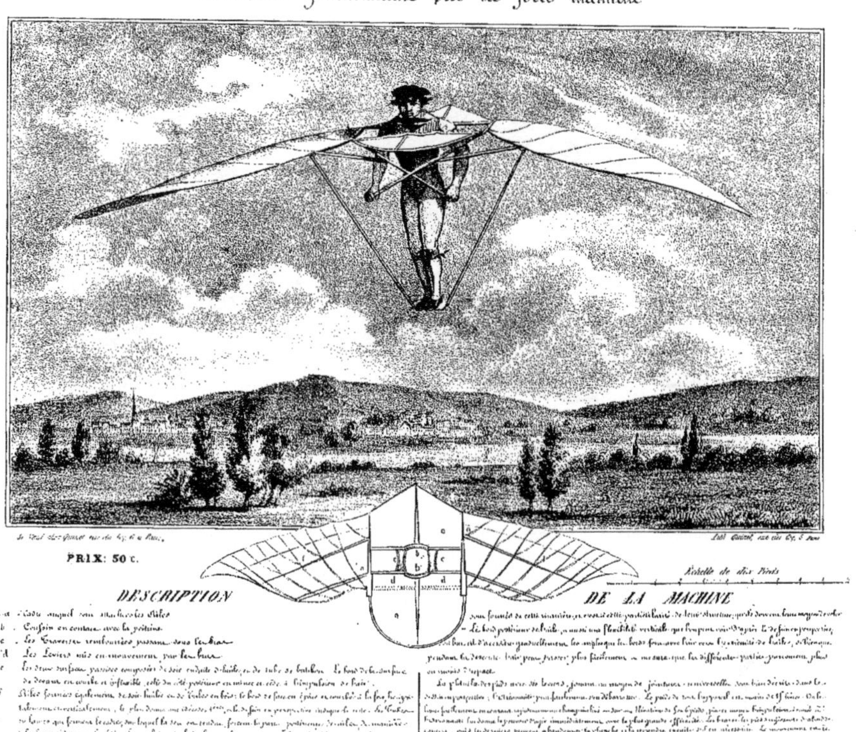

Lithographie française datant, très certainement, de 1843 ou 1844 et paraissant être la copie retournée d'une pièce anglaise (lithographie sur fond teinté) publiée à Londres par l'inventeur lui-même, chez Ackermann, et datée 22 avril 1843. D'après la légende de la pièce anglaise, l'inventeur serait un nommé : W. MILLER M. R. C. S.

Pas plus les dictionnaires que les ouvrages spéciaux ne nous renseignent sur ce Miller et sur sa machine volante. Il faut donc se résigner à le faire figurer parmi la grande masse des inventeurs inconnus dont le plus beau titre de gloire sera d'avoir cru au succès de leur entreprise.

Notons, à titre d'indication générale, que les figures d'hommes volants se rencontrent assez rarement au XIXe siècle ; qu'elles disparaîtront même, plus ou moins, jusqu'au jour où Pompéien-Piraud, avec son *Aéronef* (1886), viendra affirmer que *les ailes artificielles, articulées, sont seules capables de résoudre le problème de la navigation aérienne*, alors que le poisson volant, imaginé à l'origine par Scott, sera, ainsi qu'on peut le voir déjà ici, une des formes les plus recherchées des « aérostiers. »

La Vapeur portant l'homme à travers les airs (Caricature)

L'Envolée de la science.

— Monsieur « va légèrement » expérimentant la machine à vapeur, à haute pression, ROCKET, nouvellement inventée par MM. VITE et RAPIDE (Caricature anglaise publiée vers 1828. — Collection Geoffroy frères).

La conquête de l'espace et des airs à l'aide de la vapeur, ce fut, un quart de siècle durant, l'idée prédominante de la caricature anglaise. Il ne lui suffisait pas d'inventer, chaque jour, quelque nouvelle voiture marchant à l'aide de ressorts invisibles, il lui fallait encore fendre les nuages, monter jusqu'à la lune. Ce n'étaient en réalité, de toutes parts, que *projets en l'air*, à *travers l'air, pour fendre l'air*. A *Monsieur va légèrement* la caricature fit succéder *Monsieur va follement* et cette seconde image posait la question : *Lequel parviendra le plus haut ?* Hélas ! la conquête de l'air était encore dans l'enfance. Il fallait attendre jusqu'à Henri Giffard pour voir construire et expérimenter le premier navire aérien à vapeur (24 sept. 1852).

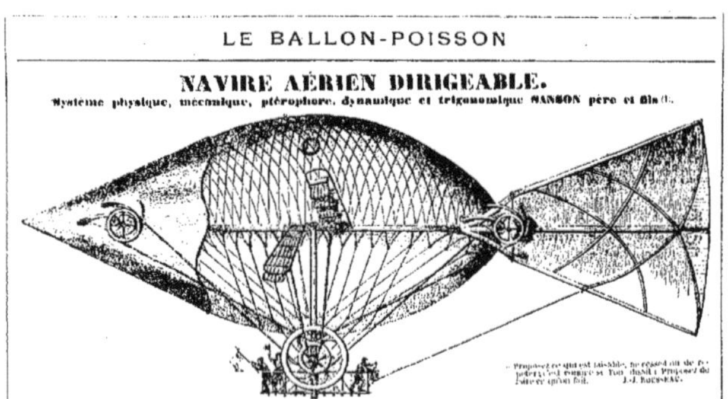

Projet dû à MM. Sanson père et fils, vulgarisé par une circulaire du 3 mai 1850.

Ce ballon devait être seulement équilibré dans l'air, *le moyen ascensionnel* devant lui être donné à l'aide de quatre ailes placées aux flancs ; *le moyen de propulsion horizontale* consistant « en quatre roues creuses placées par paires » ; *le moyen de direction*, un gouvernail faisant annexe aux « équatoriales ». Les inventeurs prétendaient avoir un moyen secret dit *physico-ictyologique*, que, naturellement ils se gardèrent bien de faire connaître. Ils publièrent, du reste, un certain nombre de brochures plus ou moins scientifiques, dont une vaut la peine d'être retenue pour son titre : *L'Aéronautique des dames* et *l'Aéronautique des Paresseux* (1845), poèmes accompagnés d'explications... techniques.

Les Ballons dans la caricature politique en 1848

Caricature du *Journal pour Rire*, de Philipon (1848), à propos du départ de Louis-Philippe.

Deux caricatures de Cham dans le " Charivari " (1854=1878)

— Vous vouliez diriger votre ballon à droite, et il va à gauche!
— Cela tient à ce que mon ballon est neuf!

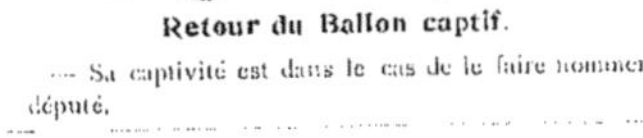

Retour du Ballon captif.

— Sa captivité est dans le cas de le faire nommer député.

Les Ballons dans les Cérémonies officielles et les Fêtes publiques

ENTRÉE DANS LA VILLE DE PARIS,
De sa Majesté Louis XVIII Roi de France et de Navarre, le 4 Mai 1814

L'entrée solennelle de Louis XVIII dans sa bonne ville de Paris, entrée sur laquelle les graveurs et éditeurs d'estampes ne sont pas absolument d'accord, puisque les uns la placent au 3 mai et les autres au 4, remit en honneur les ascensions publiques délaissées depuis le 24 juin 1810, jour du mariage de l'Empereur avec Marie-Louise.

Le magnifique ballon fleurdelisé qui traverse le ciel au moment où

FEU D'ARTIFICE DU 15 AOÛT 1852 (Place de la Concorde)

D'après une lithographie populaire de l'époque.

le cortège passe le Pont-Neuf était monté par madame Blanchard, la célèbre ascensionniste, depuis 1805, et, hier encore, « aéronaute de l'Empereur Napoléon ».

Sous le second Empire, ainsi qu'on peut le voir dans le volume de Maindron, *le Champ de Mars*, le 15 août se trouva être, chaque année, prétexte à des *lancers* de ballons et de personnages en baudruche, lesquels, le plus généralement, figuraient le Petit Caporal.

Les Victimes de l'Aéronautique : Accidents dramatiques

**Mort dramatique de Mᵐᵉ Blanchard, aéronaute,
le 6 juillet 1819.**

D'après une gravure sur bois du volume : *Histoire des Ballons et
des Ascensions célèbres*, par Sircos et Th. Pallier (Roy, éditeur, 1876).

« Le 6 juillet », disent les auteurs de ce volume, « il
y avait grande fête dans les jardins du Tivoli de la rue
Saint-Lazare ; madame Blanchard fut chargée de faire

Portrait de Madame Blanchard.
Gravé à l'eau-forte par Jules Porreau.

**Situation périlleuse de MM. Sadler et Clayfield,
dans le canal de Bristol près Watermouth, le
24 septembre 1810.**

D'après une gravure en couleur anglaise.

Aéronaute de profession, Sadler fit plusieurs chutes et finit par trouver la mort le 29 septembre 1824 dans une ascension près de Bolton.

l'ascension qui devait terminer la journée. A 8 heures
trois quarts, l'aéronaute monta dans sa nacelle, puis le
ballon s'éleva lentement, majestueusement, tandis
qu'à terre retentissaient les acclamations.

« Quelques secondes plus tard, le feu d'artifice que
madame Blanchard portait suspendu au-dessous de sa
nacelle marqua d'un sillon lumineux, la route suivie
par l'aérostat : une pluie d'étincelles dorées et argen-
tées, rouges, vertes, bleues, descendit vers la terre. Ce
spectacle dura cinq minutes, puis tout retomba dans
l'ombre ; la fête était finie.

« Les derniers bravos venaient de cesser, lorsque, tout
à coup, une lueur inattendue surprend les spectateurs.

« Quelques secondes plus tard des flammes se montrent dans la nacelle où l'on aperçoit l'aéronaute s'ef-
forçant de les éteindre. Une immense gerbe de feu
surmonte l'aérostat.

« A la clarté de la flamme on vit le ballon descendre
lentement : le dénouement du drame était proche.

« Enfin la grosse machine disparait derrière les maisons. Quelques spectateurs se précipitent du côté de la
rue de Provence. Ils arrivaient en face du numéro 16
lorsque le ballon, entièrement dégonflé, laissait trainer
la nacelle sur un toit.

« Malheureusement, un crochet de fer l'arrête brus-
quement. La secousse fut telle que l'aéronaute, lancée
la tête en avant sur le pavé de la rue, fut tuée sur le
coup. »

Les Ascensions célèbres du XVIIIe siècle figurées par l'estampe
Premier type de ballon allongé muni de propulseurs à rames

Vue des 24 Jets à Saint-Cloud.

Expérience de MM. Robert frères, le 15 juillet 1784. — A Paris, chez l'auteur, aux Colonnades du Palais-Royal et sur le quai de Gesvres.

« Au milieu de la plus brillante assemblée, le ballon s'éleva avec majesté et offrit aux spectateurs un moment de spectacle qu'il est impossible de rendre. Cet aérostat, retenu avec deux cordes par les épouses de deux voyageurs, fut abandonné à lui-même aux applaudissements universels. — Le quatrième personnage à gauche, sur la première rangée des spectateurs assis, est le comte de Hana (c'est-à-dire le roi de Suède).

« Le ballon à gaz hydrogène et de forme oblongue », nous dit F. Marion dans son volume : *Les Ballons et les voyages aériens* (1867), « qui mesurait 18 mètres de hauteur sur 12 mètres de diamètre, avait été construit suivant un système imaginé par Meunier. Pour suppléer à l'emploi de la soupape, on avait disposé dans l'intérieur du grand ballon un autre globe beaucoup plus petit et rempli d'air ordinaire, d'après cette supposition que, parvenu dans une région élevée, l'hydrogène, se raréfiant par l'effet de la diminution de pression extérieure, devait comprimer le petit globe intérieur et faire sortir une quantité d'air correspondant au degré de sa dilatation ».

LES BALLONS DANS LES FÊTES PUBLIQUES

D'après une image populaire de l'époque (Collection Jarry).

Cette ascension devait mettre à de terribles épreuves le courage des aéronautes, lesquels étaient les frères Robert, Collin-Hullin et le duc de Chartres. A la suite d'un accident arrivé en cours de route, le duc de Chartres dut crever le ballon qui descendit avec une rapidité effrayante. Ils allaient tomber dans un étang, lorsque, jetant 60 livres de leur lest, ils remontèrent un peu pour s'arrêter dans le parc de Meudon, à quelques pas de l'étang de la Garenne.

Les Caricaturistes contemporains et la Locomotion de l'avenir

Ouverture du canal de Panama. Vue de la navigation quelques années après.

Amusante satire sur les hommes volants et sur les machines volantes (*Puck*, de New-York, 31 janvier 1906).

Les Ascensions, sous la Restauration, à Tivoli et autres lieux de plaisir

Monsieur Margat « **Aéronaute du Roi** », dit le *La Peyrouse des airs*, monté sur son cerf « Coco ».

(D'après une épreuve de la collection Ch. Dollfus).

— Parti de Tivoli, à 7 heures du soir, le 29 août 1824, il descendit avec son ballon et à cheval sur son cerf, dans la plaine dite des Bruyères, près d'Asnières, à environ sept heures et demie, ainsi que l'atteste le procès-verbal du maire, M. Rigaud.

Les Projets de navigation aérienne restés à l'état de pure fantaisie

Nouvelle invention d'un ballon pouvant être dirigé à volonté par des aigles.

(Collection Léo Delteil.)

L'image ci-dessus sert de frontispice à une brochure explicative de l'inventeur, Jacob Kaiserer, publiée à Vienne en 1801. L'inventeur rappelle que le 23 février 1799 les journaux viennois annoncèrent que quelqu'un avait déposé aux archives de l'Université, sous pli cacheté, le moyen de pouvoir diriger à volonté un ballon dans les airs. Or, depuis, le citoyen Valentin, à Paris, ayant, dans le *Journal de Paris*, rendu public le même procédé, le Sénat universitaire viennois a, sur la demande de Kaiserer, ouvert son pli afin qu'il pût bien réclamer et faire valoir son droit de priorité.

Qu'est devenu le ballon dirigé par les aigles de Kaiserer?

Et celui du citoyen Valentin?

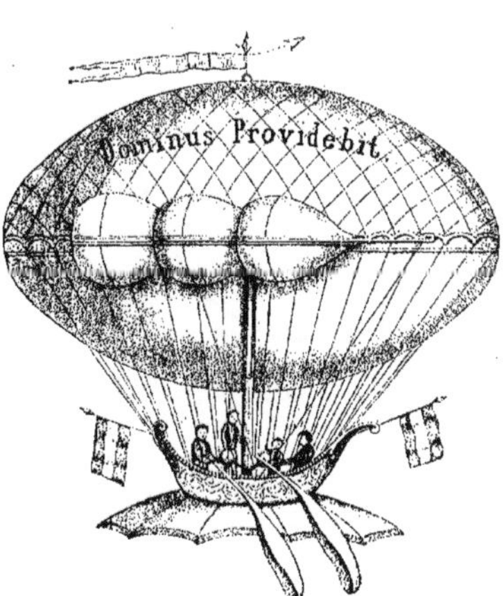

Ces deux rivaux sont aujourd'hui confondus dans le même oubli, quoique, en les dernières années du XIXᵉ siècle, un littérateur, Georges Lorin, ait à nouveau fait sienne la théorie des aigles. Et dire qu'aucun d'eux n'a d'abord songé à demander aux aigles ce qu'ils pensaient de la fonction qu'on prétendait leur imposer!

Gravure servant de couverture à une *Communication à l'Académie des Sciences, en date du...,* par le vicomte T. de La Garenne 1864.

Et le vicomte de la Garenne considérait son invention comme une heureuse application de l'expérience due au célèbre aéronaute Garnerin.

Pièces satiriques, avec chansons, sur les premières tentatives annoncées

et jamais réalisées, de vol dans les airs

LA MACHINE DE BLANCHARD (1782-1783)

Les voitures volantes ou *vais-seaux volants*, comme on voudra les appeler, furent inspirés par les tentatives de vol artificiel aérien exécutées vers le milieu du XVIIIe siècle.

Quoique ces tentatives, si l'on s'en rapporte aux faits relatés par plusieurs feuilles locales, aient été assez nombreuses, deux seules ont marqué de façon précise dans les annales de l'expérimentation humaine.

1° La tentative du marquis de Bacqueville, qui, en 1742, de son domicile, à Paris, sur le quai, au coin de la rue des Saints-Pères, alla tomber en plein fleuve sur un bateau de blanchisseuses et ne dut qu'à la grandeur de ses ailes d'en être quitte pour une cuisse cassée.

2° La tentative de l'abbé Desforges, chanoine de l'église royale de Sainte-Croix d'Étampes, inventeur d'une *voiture volante* avec laquelle on devait pouvoir s'élever en l'air et qui, « après s'être fait élever de terre, dans sa machine, par quatre hommes, à une certaine hauteur, pour prendre son vol, au lieu de s'élever en haut, vola à rebours ; tel le coursier de la Dunciade qui précipita son Phaëton. Comme son char n'avait pu prendre l'essor, la chute ne fut pas périlleuse et l'excellent abbé Desforges en fut quitte, nous dit-on, « pour quelques contusions ».

Est-il besoin d'ajouter que, suffisamment éclairé par ce premier échec, l'abbé ne se livra pas à de nouvelles expériences ?

Et il fallut attendre jusqu'en 1780 pour voir apparaître Blanchard, lequel devait étudier passionnément le problème du vol mécanique.

Le 28 août 1781, Blanchard publiait dans *Le Journal de Paris* un long article dont il convient d'extraire les passages suivants :

« L'avis que j'ai l'honneur de vous faire passer vous paraîtra une chimère, mais le fait n'existe pas moins.

Ces feuilles de chansons, avec image relative au sujet, proviennent de la célèbre collection Soulavie, particulièrement riche en pièces sur les ballons, formée comme on sait de 1782 à 1811, et vendue en 1904. Elles font, aujourd'hui, partie de la collection de M. V. Bacon.

« Peu de personnes ignorent que, depuis un certain laps de temps, je m'occupe, proche Saint-Germain-en-Laye, à construire un vaisseau qui puisse naviguer dans l'air. J'ai choisi cet endroit, aussi isolé que superbe, afin de tenir la chose cachée en me garantissant de la vue des curieux. Mais comme une entreprise dans ce genre ne peut rester longtemps sous le secret, tous les environs et Paris même, en ont été bientôt instruits, notamment plusieurs grands seigneurs qui ont bien voulu m'honorer de leur présence et qui m'ont promis de très grandes récompenses en cas de réussite. Mais comme, depuis environ un mois, des affaires jointes à une maladie m'ont empêché de terminer cet ouvrage, j'entends tous les jours dire au public (qui ignore ces causes) : Cet homme entreprenait l'impossible. En effet, au premier coup d'œil, la chose paraît telle ; mais après de sages réflexions, on ne sait que décider. »

« Depuis plus de douze ans que je m'occupe à ce projet j'y trouvais d'abord bien des obstacles ; mais toujours convaincu de la possibilité de voler je n'ai cessé d'y travailler. Je suis actuellement à ma sixième opération. »

« Comme plusieurs personnes s'imaginent que c'est l'enthousiasme où je suis de mon projet, qui me fait parler, ils m'objectent que la nature de l'homme n'est pas de voler, mais bien celle des oiseaux emplumés. Je réponds que les plumes ne sont pas nécessaires à l'oiseau pour voler, une tenture quelconque suffit. La mouche, le papillon, la chauve-souris volent sans plumes et avec des ailes en forme d'éventail, d'une matière semblable à la corne. Ce n'est donc ni la matière ni la forme qui fait voler, mais le volume proportionné et la célérité du mouvement qui doit être très mobile.

« La machine est actuellement portée à sa perfection : il ne reste plus que la tenture à faire poser, que je désire mettre en taffetas, c'est ce que je ferai à ma possibilité ; et d'après cela on me verra facilement enlever à la hauteur qu'il me plaira, parcourir un chemin immense en très peu de temps, descendre où je voudrai, même sur l'eau, car mon navire en est susceptible.

« L'on me verra fendre l'air avec plus de vivacité que le corbeau sans qu'il puisse m'intercepter la respiration, étant garanti par un masque aigu et d'une construction singulière. »

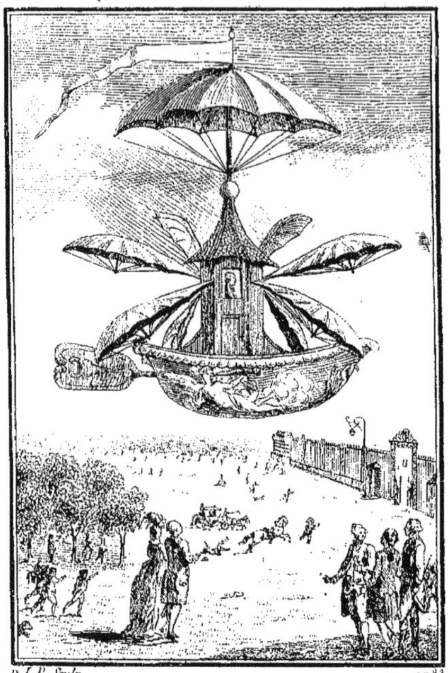

Caricature sur les expériences de Blanchard en 1783.

En réalité, quoique Blanchard ait, le 1er mai 1782, annoncé pour deux dimanches suivants l'expérience de son appareil, on ne vit rien du tout..., ni l'aéronaute, ni son *vaisseau volant*. L'aéronaute se contenta de « conduire, lui-même, » son *vaisseau volant* sur les multiples caricatures qui lui furent alors décochées, et dont les pièces ici reproduites montrent l'esprit particulièrement satirique. « Voir le *Journal de Paris* du 23 mai 1782, nous disent-elles. »

Or, ce numéro contenait une lettre de l'académicien Lalande s'élevant contre toutes ces folies. « Si les savants se taisent », disait-il, « ce n'est que par mépris. Il est démontré impossible dans tous les sens qu'un homme puisse s'élever ou même se soutenir en l'air. Pour ce faire il lui faudrait des ailes de douze à quinze mille pieds, mues avec une

vitesse de trois pieds par seconde ». Mais où sont ces ailes d'antan ?

Portrait à la silhouette de l'inventeur
du *Vaisseau volant* publié en 1788 à Nuremberg.

Néanmoins il est juste de considérer Blanchard, devenu l'un des plus fervents disciples des frères Montgolfier, comme un des premiers aéronautes français.

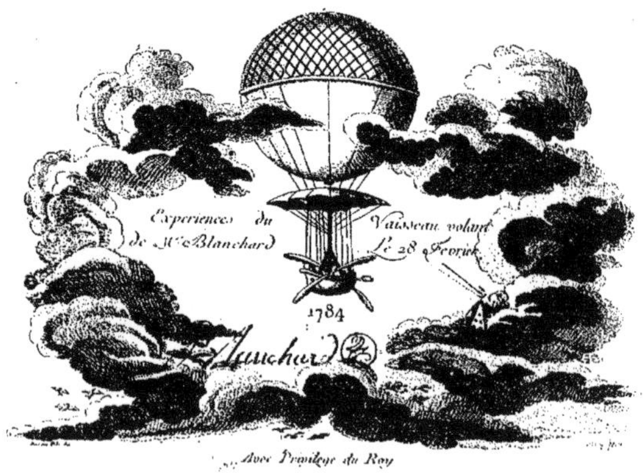

Carte d'entrée pour les nouvelles expériences de Blanchard.
L'ascension eut lieu au Champ-de-Mars, le 2 mars.

Ainsi qu'on peut le voir sur cette vignette, l'aéronaute avait appliqué à la nacelle d'un ballon à gaz les ailes et le parachute de son appareil d'aviation.

Vulgarisation par l'estampe d'art des premières machines aérostatiques

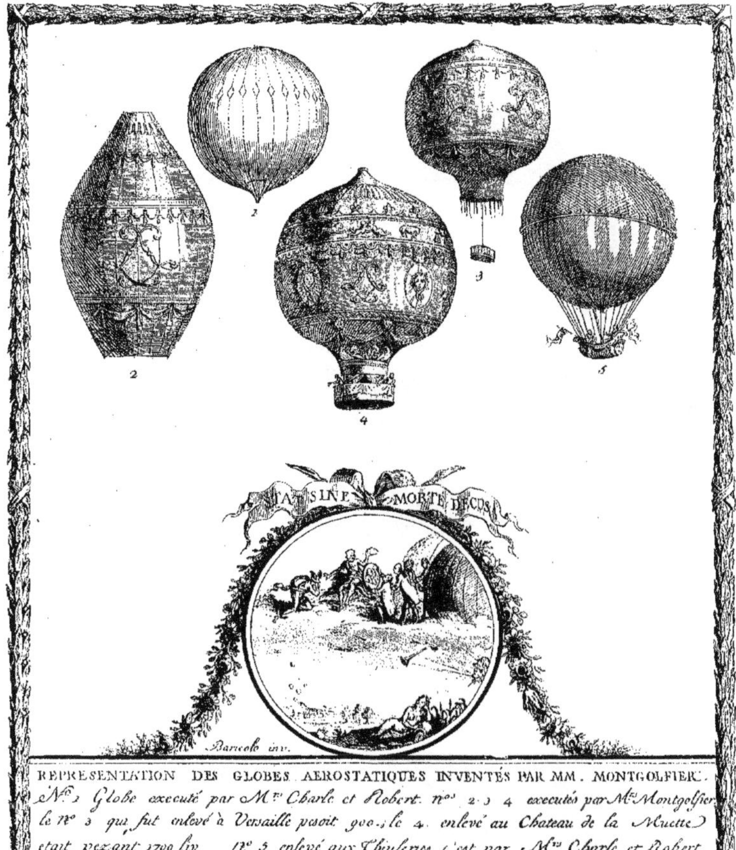

Pièce en l'honneur des Montgolfier, publiée en 1784.

Le premier *globe* gonflé *d'air chaud* — autrement dit la première *montgolfière* — fut lancé le 5 juin 1783 (Collection V. Bacon).

— Ainsi qu'on peut le voir par cette estampe, la forme des aérostats inventés par les Montgolfier varia quelque peu. Aux côtés du *sphérique* figure un petit *parallélipipède;* aux côtés des machines avec nacelle, ou avec la « fameuse galerie tournante », figure l'ancienne montgolfière sans nacelle, dont le fourneau restait à terre.

Ces *globes*, peints en détrempe, se faisaient remarquer par leur élégance et par la richesse de leur décoration : mascarons, dont le « soleil » faisait le plus généralement les frais, guirlandes, lambrequins, broderies, écussons, sans oublier les chiffres enlacés de la famille royale.

Les projets de Navigation aérienne restés à l'état de pure fantaisie

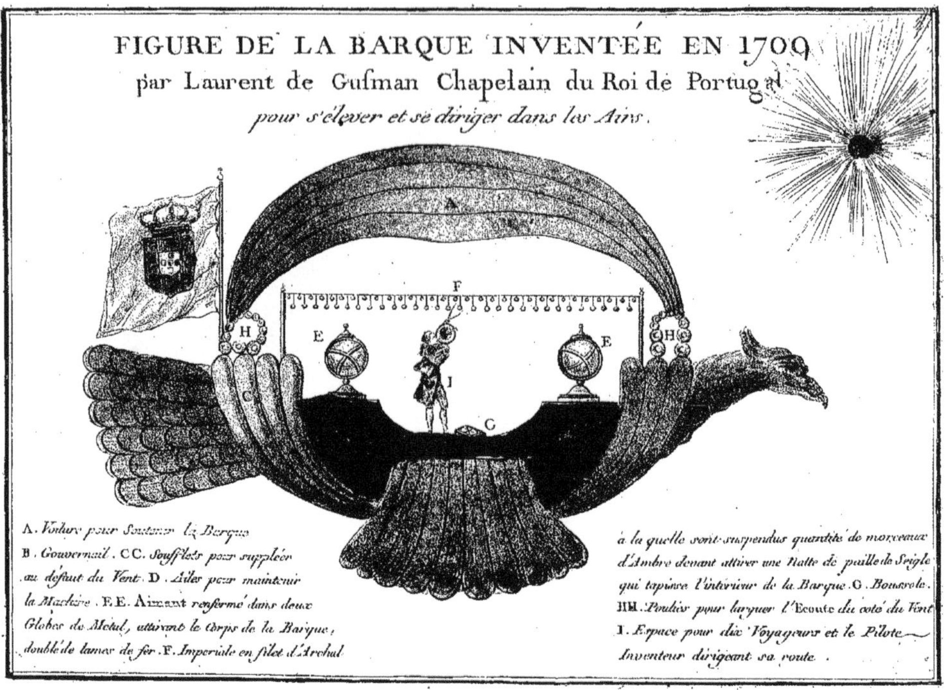

— Estampe publiée au moment de la découverte de Montgolfier et qui semble avoir obtenu un assez grand succès si l'on en juge par la quantité d'éditions différentes qui en furent données. (Voir Bibliothèque Nationale, Cabinet des Estampes, *Histoire des Ballons*, Ib 1 à 4.) La présente estampe provient de la Collection Fernand David.

En 1709, Laurent de Gusman avait adressé au roi de Portugal une pétition en laquelle se peut lire ceci :

« J'ai inventé une machine au moyen de laquelle on peut voyager dans l'air bien plus rapidement que sur terre ou sur mer ; on pourra aussi faire plus de deux cents lieues par jour, transporter des dépêches pour les armées et les contrées les plus éloignées. On fera sortir des places assiégées les personnes que l'on voudra sans que l'ennemi puisse s'y opposer. Grâce à cette machine on dé-couvrira les régions les plus voisines des pôles. »

Laurent de Gusman, on le voit, avait une haute opinion de sa machine — aérostat à air chaud d'a-près les uns, appareil vo-lant au moyen d'ailes, d'après d'autres — mais il n'en est pas moins cu-rieux de constater qu'il avait prévu et l'aérosta-tion militaire et la décou-verte du Pôle nord... en ballon. Ce qui ne l'empé-cha pas de s'élever dou-cement jusqu'à la hauteur de la salle des Ambassa-des, où il fit son expé-rience, le 8 août 1709, puis de...descendre de même.

Dédale avec son fils Icare s'échappant de l'île de Crète.

Ils s'étaient, lisait-on, couvert les bras de plumes en les attachant avec de la cire. Figure pour *Les Métamorphoses d'Ovide*, 1619.

Aviateurs et Dirigeables dans la caricature étrangère

Leur application à la politique

L'Avenir de l'Allemagne est dans les airs.

« — Si IL a, à nouveau, un Reichstag chauvin, aucun saucisson rôti
ne lui sera trop cher. » — Dans le fond, se lamentant, John Bull.

(*Nebelspalter*, de Zürich, 9 février 1907.)

**Édouard boudant,
ou le *Zeppelin* pris comme base d'une étude de tête**

(*Ulk*, de Berlin, juillet 1908.)

Les Entrevues de l'Avenir.

D'un côté Fallières et Nicolas ; de l'autre, Guillaume et Édouard (*Pasquino*, de Turin, 13 septembre 1908).

Les ancêtres de Blériot dans l'entreprise de la traversée de la Manche

I. Traversée heureuse de Douvres à Calais, par Blanchard et Jeffries

Tibère Cavallo, l'auteur de l'ouvrage anglais : *Histoire et pratique de l'Aérostation* (1786), nous a laissé toute une intéressante description de la traversée de Cavallo, le ciel était serein : à la suite d'une forte gelée pendant la nuit, le vent, qui était très faible, avait une direction nord-nord-ouest. On commença à remplir

Premier passage aérien de la mer.
Dédié à M. Blanchard, pensionné du Roi, citoyen de Calais.

APPARITION DU GLOBE AÉROSTATIQUE DE M. BLANCHARD, ENTRE CALAIS ET BOULOGNE
PARTI DE DOUVRES LE 7 JANVIER 1785, A 1 HEURE 1/2

Le Pêcheur qui sur l'eau tenait son bras tendu
Laisse tomber sa ligne, il reste confondu.
Les ïeux fixés au ciel, courbé sur sa charue (*sic*)

Le Laboureur les voit et les suit dans la nue.
Le timide berger les crût des immortels
Et, dans son cœur troublé, leur dresse des autels.

la Manche en ballon, effectuée par Blanchard, ainsi qu'il l'avait annoncé dans les journaux, en compagnie du docteur Jeffries, de la Société royale des Sciences de Londres : « Le vendredi 7 janvier, dit Tibère le ballon vers dix heures, et, pendant cette opération, on lança deux petits ballons pour connaître la direction du vent. L'appareil était situé à quatorze pieds du rocher escarpé qui domine le précipice décrit par

Shakespeare dans le *Roi Lear*. A midi trois quarts on suspendit le bateau au filet : on y plaça les choses nécessaires et quelques sacs de sable pour servir de lest. A une heure, Blanchard ordonna que l'on livrât le ballon à lui-même ; mais le poids se trouvant trop considérable, les deux voyageurs furent obligés de jeter presque tout leur lest et finirent par s'élever lentement : il ne leur restait plus, alors, que trois sacs de sable, de dix livres chacun. Il faisait beau et même assez chaud.

« Ils passèrent par-dessus plusieurs navires, mais le ballon était trop distendu, il descendait : ils jetèrent un sac et demi de lest, et s'élevèrent de nouveau, ils avaient déjà franchi un tiers de la distance, et n'apercevaient plus le château de Douvres. Comme le ballon descendait toujours, ils sacrifièrent le reste de leur lest et, comme cela ne suffisait pas, ils ajoutèrent quelques livres et se relevèrent : ils pouvaient être à la moitié du trajet entre les côtes de France et d'Angleterre. A deux heures un quart, le mercure montant dans le baromètre leur fit voir qu'ils descendaient encore ; le reste des livres y passa. A deux heures vingt-cinq minutes, étant aux trois quarts du chemin, ils aperçurent les côtes de France leur offrant un aspect enchanteur. Mais, par suite, ou de la perte de l'air inflammable, ou de la condensation du gaz, le

ballon descendait toujours et, nouveaux Tantales, ils étaient très incertains de toucher jamais cette terre si désirée : ils lancèrent, alors, leurs provisions de bouche, les ailes du bateau, et plusieurs autres objets. « Nous jetâmes, dit le docteur Jeffries, la seule bouteille que nous avions, qui, en descendant, fit entendre un bruit éclatant et produisit une vapeur semblable à de la fumée : quand elle atteignit l'eau, nous entendîmes et éprouvâmes le choc qui fut très sensible sur notre char et notre ballon. »

« Le docteur Jeffries, en ce moment suprême, offrit à son compagnon de se jeter à la mer. « Nous sommes « perdus tous les deux, lui dit-il ; si vous croyez que ce « moyen puisse vous sauver, je suis prêt à faire le sa-« crifice de ma vie. »

« Néanmoins, une dernière ressource leur restait encore ; ils pouvaient se débarrasser de leur nacelle et s'attacher aux cordes du ballon. Ils se disposaient à essayer de cette dernière et terrible ressource et se tenaient, tous deux, suspendus aux cordages du filet, prêts à couper les liens qui les retenaient, lorsqu'ils crurent sentir un léger mouvement d'ascension : le ballon remontait, ils étaient à quatre milles des côtes de France, et leur marche était assez rapide. Toute crainte fut bientôt bannie : la côte de France paraissait à leur vue, et plus grande et plus belle : ils apercevaient une vingtaine de villes et villages. Leur position et l'idée d'être les premiers qui avaient traversé la Manche d'une façon si peu accoutumée les rendit peu sensibles au besoin où ils étaient de leurs vêtements qu'ils avaient sacrifiés en partie. A trois heures précises, ils passaient sur les terres élevées qui se trouvent environ à la moitié de la distance entre le cap

John Jeffries à son thermomètre.

Frontispice du volume : *A narrative of the two aerian Voyages of Doctor Jeffries with Mons. Blanchard* (Londres, 1786).

Blanc et Calais ; dans ce moment le ballon s'éleva et décrivit un grand arc, et ils montèrent plus haut qu'ils n'avaient été dans toute leur traversée ; le vent aug-

Cet Aérostat exécuté au Chateau des Tuileries par M. M. Romain Frères, ordonné par le Gouvernement, présente deux formes, l'une Sphérique l'autre Cylindrique, le Globe porte 33 p.ᵈˢ ½. de diamètre et sera rempli d'air inflamable tiré de l'huile vitriolique, il est à fond doré sur le quel on a représenté des Aquilons, qui soutiennent des armoiries et des Legendes, ces Aquilons sont portés sur des nuages, le Cylindre étant au dessous représente une Colonne racourcie dans ses proportions dont la base richement décorée est une galerie circulaire de 22 pieds de diamètre l'un et l'autre sont a fond bleu chargé d'ornemens dorés, le Cylindre contiendra une lampe, et bougies qui alternativement allumés ou éteintes produiront par leur vapeur plus ou moins de chaleur, la condensation ou la dilatation de l'air inflamable contenu dans le Globe en egard a la qualité de l'air extérieur maintiendront l'équilibre ou l'égalité de plénitude et reuniront par un nouvel accord le procedé de M. Charles a celui de M. de Montgolfier.

à Paris chez le Vacher, Quay de Gevres, à l'Esperance et chez les Sanzan Fils, Cour Royale près le Passage Richelieu au Palais Royal.
A. P. D. R.

Montgolfière de Pilâtre de Rosier et Romain, transportée à Boulogne, au mois de décembre 1784.

Cette montgolfière se trouvait séparée de quelques pieds du ballon et y était suspendue par des cordes attachées à un cerceau. En plus des ornements qui se peuvent voir, ici, sur la toile étaient peints ces deux vers en l'honneur du ministre qui avait fait les fonds de l'expérience :

Calonne, des Français soutenant l'industrie,
Inspire les talents, les arts et le génie.

menta et changea un peu de direction. Nos deux voyageurs jetèrent leurs scaphandres devenus inutiles, et étant descendus à la hauteur des arbres de la forêt de Guines, le docteur Jeffries se saisit d'une branche et leur marche fut arrêtée. L'on ouvrit la soupape, le gaz s'échappa avec bruit, et, quelques minutes après, ils prirent terre entre une ouverture formée par les arbres, après avoir accompli une entreprise dont le souvenir passera peut-être à la postérité la plus reculée.

« Une demi-heure après, quelques personnes à cheval, qui avaient suivi le ballon, firent à ces heureux aéronautes le plus grand accueil. Le lendemain, on célébra à Calais une fête splendide. On présenta à Blanchard des lettres de citoyen dans une boîte d'or, et le corps municipal demanda au ministre l'autorisation d'acheter le ballon et de le déposer dans la principale église, comme un monument de cette expérience. »

II. Tentative malheureuse de Calais à Douvres, par Pilâtre de Rosier et Romain.

Dès les premiers jours du mois de septembre 1784, Pilâtre avait conçu le projet de franchir la Manche, de France en Angleterre, en cherchant un vent favorable, et il imagina d'associer le ballon à gaz et le ballon à air chaud, en plaçant le premier au-dessus du second. Ce dernier devait permettre de monter et de descendre en réglant le feu, sans avoir à perdre le gaz du premier ballon. Selon le mot de Charles, c'était mettre un réchaud sous un baril de poudre.

Mais Pilâtre n'en était pas à une imprudence près, il avait toujours montré une audace et une témérité incroyables.

Tout plein de son projet, il vint s'établir à Boulogne, où il fit la connaissance d'un habitant de cette ville, Pierre-Ange Romain ou Romain l'aîné. Un traité d'association fut conclu entre eux, le 17 sep-

tembre, pour la construction de la machine destinée à franchir la Manche.

L'ascension qui devait avoir lieu le 1er janvier ne fut pas exécutée, à cause de la direction dans laquelle soufflait le vent, et ce contretemps enleva à Pilâtre la gloire qu'il poursuivait.

En effet, le 7 janvier 1785, Blanchard franchissait la Manche.

Désespéré de s'être laissé devancer, Pilâtre accourut à Paris, chez son protecteur Calonne, qui le reçut fort mal :

« Nous n'avons pas dépensé, lui dit-il, cent mille francs, pour vous faire voyager avec l'aérostat sur la côte. Il faut utiliser la machine et passer le détroit. »

Pilâtre retourna donc à Boulogne, décidé à tenter l'entreprise coûte que coûte, mais les mois succédèrent aux mois sans qu'un vent favorable lui permît de par-

L'affreuse Catastrophe

Frontispice de la plaquette : *Lettres de l'observateur Bon-Sens à M. de *** sur la fatale catastrophe des infortunés Pilâtre de Rosier et Romain, les Aéronautes et l'Aérostation*, Londres-Paris, chez Méquignon (1785). « On a représenté le ballon distendu, dit une notice, pour faire voir l'état où il a été trouvé. »
Cette plaquette est attribuée à Marat.

tir. Plusieurs fois, l'occasion tant attendue sembla se présenter : mais au milieu des préparatifs le vent changeait et il fallait y renoncer. Toutes ces tentatives fatiguèrent le ballon qu'on dut réparer à plusieurs reprises.

De toutes parts, circulaient contre les deux aéronautes les chansons, les épigrammes, les brocards les plus malveillants. La situation était donc extrêmement tendue : aussi, sans différer plus longtemps, bien que le vent ne fût pas encore favorable, le départ fut-il décidé pour le 15 juin. A sept heures du matin Romain et Pilâtre de Rosier partirent. Un quart d'heure après, avait lieu l'accident terrible, universellement connu, et que relate la légende d'une des images ci-dessus.

Caricaturés, déchirés de leur vivant, les deux aéronautes furent pleurés sur tous les tons par une imagerie sentimentale.

La Route de l'air pour la conquête de l'Angleterre :
Les Ballons considérés comme moyen pratique d'invasion

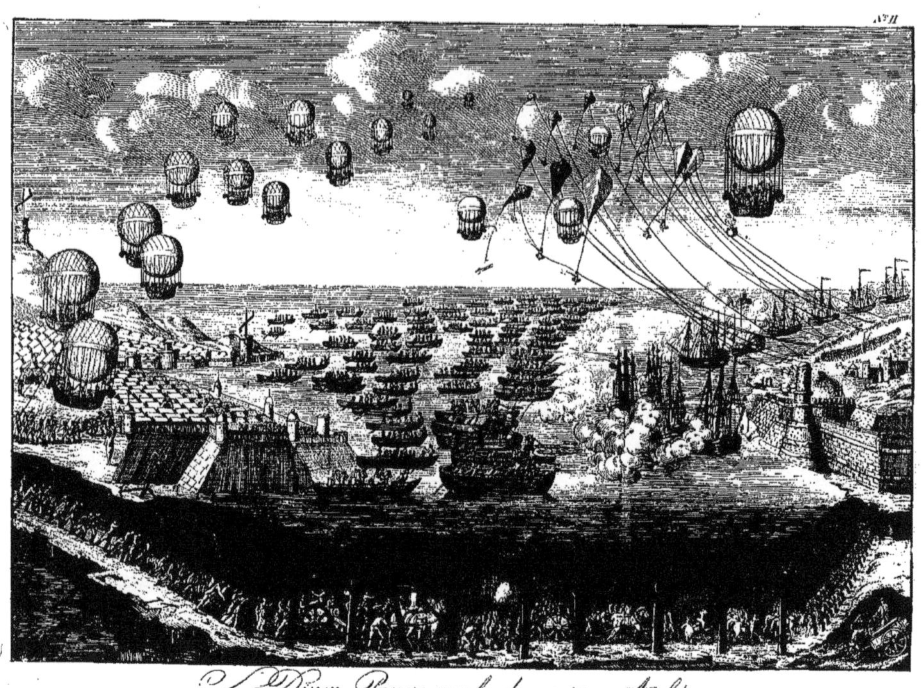

L'histoire est un perpétuel recommencement. L'activité fiévreuse que l'on vit se produire en 1871, durant la guerre contre l'Allemagne, où chacun proposait un engin nouveau, toujours plus perfectionné, pour exterminer l'ennemi, s'était manifestée aussi caractéristique, aussi violente déjà, contre l'Angleterre, dès 1799. L'idée que Bonaparte voulait par tous les moyens s'emparer de leur île fut, pour les Anglais, une crainte réelle et finit par se transformer pour eux en une conviction inébranlable, chaque jour alimentée, confirmée par les nombreux projets de descente armée, d'invasion aérienne — seul moyen pratique, affirmait-on, pour dompter Albion — dont les pamphlets et les images donnaient, avec force détails, la description et la coupe illustrée.

Dans son si remarquable ouvrage : *Napoleon and the Invasion of England* (Londres, John Lane, édi-teur), l'écrivain anglais, A.-M. Broadley, dont le nom fait autorité en matière historique, reproduit deux bien curieuses pièces pour la documentation aéronautique. L'une n'est autre que l'aéro-montgolfière de Pilâtre de Rosier et de Romain : *Machine construite par ordre du gouvernement destinée à faire le passage de France en Angleterre*, rééditée, pour les besoins de l'actualité, à la date de juin 1803, et partant de Calais absolument comme s'il s'agissait d'une entreprise longuement préparée. L'autre est *La Thilorière ou Descente en Angleterre. Projet d'une Montgolfière capable d'enlever 3000 hommes et qui ne coûtera que 300000 francs. On y suspendra une lampe qui présentera une nappe de flamme suffisante pour empêcher le refroidissement.*

Le ballon à l'usage des invasions! invention bien française, prétendaient nos ennemis!

Les hommes volants dans la fiction et dans l'invention humaine

Machine volante électrique.

Frontispice pour *Le Philosophe sans prétention*, ou *l'Homme rare*, ouvrage... dédié aux savants, par D. L. F. (De La Folie). Paris, 1775.

« Scintilla, dont le corps était aussi alerte que l'imagination, monte lestement sur la méchanique et, poussant promptement une détente, nous vîmes les deux globes tourner avec une rapidité prodigieuse. Messieurs, dit-il, vous voyez que pour m'élever en l'air, mon principal moyen est d'annuler au-dessus de ma tête la pression de l'atmosphère. Observez que la percussion de la lumière agit actuellement au-dessous de ma méchanique. C'est elle qui va m'enlever sans beaucoup d'efforts, et, maître du mouvement de mes globes, je descendrai ou monterai en telle proportion qu'il me plaira. Vous voyez encore... Mais nous ne l'entendions plus. Sa machine, entourée tout à coup d'un cercle lumineux, s'était enlevée avec la plus grande vitesse. Jamais spectacle si nouveau et si beau ne s'offrit à nos yeux... »

Que penser de cette machine imaginaire avec l'électricité comme moteur, à une époque où l'on ne soupçonnait pas l'existence des moteurs dynamo-électriques?

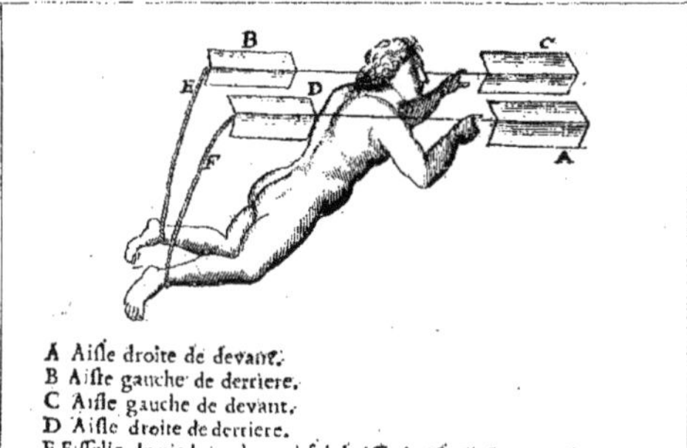

A Aifle droite de devant.
B Aifle gauche de derriere.
C Aifle gauche de devant.
D Aifle droite de derriere.
E Fiffelle du pied gauche qui fait baiffer l'aifle B, lorfque la main droite fait baiffer l'aifle A.
F Fiffelle du pied droit qui fait baiffer l'aifle D, lorfque la main gauche fait baiffer l'aifle C.

Appareil volant de Besnier, serrurier de Sablé au pays du Maine.

Figure publiée dans le *Journal des Sçavans* du 12 décembre 1678, pour accompagner l'article : *Extrait d'une lettre escrite à Monsieur Toynard, sur une Machine d'une nouvelle invention pour voler en l'air.*

« Cette machine consiste en deux bastons qui ont à chaque bout un châssis oblong de taffetas, lequel châssis se plie de haut en bas comme des battants de volets brisés.

« Quand on veut voler, on ajuste ces batons sur ses espaules en sorte qu'il y ait deux châssis devant et deux derrière. Les châssis de devant sont remués par les mains, et ceux de derrière par les pieds, en tirant une fisselle qui leur est attachée...

« Le mouvement en diagonale a semblé très bien imaginé, puisque c'est celuy qui est naturel aux quadrupèdes et aux hommes quand ils marchent ou quand ils nagent; et cela fait bien espérer de la réussite de la machine.

« La première paire d'aisles qui est sortie des mains du sieur Besnier a esté portée à la Guibrie, où un Baladin l'a acheptée et s'en sert fort heureusement. Présentement il travaille à une nouvelle paire plus achevée que la première.

« *Il ne prétend pas néanmoins pouvoir s'élever de terre* par sa machine, ny se soutenir fort longtemps en l'air, à cause du deffaut de la force et de la vitesse qui sont nécessaires pour agiter fréquemment et efficacement ces sortes d'aisles ou, en terme de volerie, pour planer. Mais il assure que, partant d'un lieu médiocrement élevé, il passerait aisément une rivière d'une largeur considérable, l'ayant déjà fait de plusieurs distances et en différentes hauteurs.

« Si cette industrieux ouvrier ne porte cette invention jusqu'au point où chacun se forme des idées, ceux qui seront assez heureux pour la mettre dans sa dernière perfection luy auront du moins l'obligation d'avoir donné une veüe dont les suites pourront peut-être devenir aussi prodigieuses que le sont celles des premiers essais de la navigation. »

L'idée de l'Homme volant vue à travers les romans

I. Les hommes volants décrits dans « Les aventures de Pierre Wilkins » (1763)

Glum habillé vu par devant.

Usage de l'éventail de derrière quand le Glum vole.

Gawry prête à voler.

Figures d'hommes (*Glum*) et de femme (*Gawry*) avec le *graunay* ouvert et fermé. Fermé, il est si serré et si juste au corps qu'aucun tailleur ne pourrait jamais en approcher : l'ajustement des côtes du *graundy* sur le corps et les membres ressemble à l'habit des guerriers romains avec leur cotte de mailles.

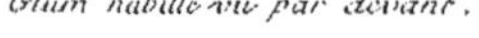

II. Les hommes volants sortis du cerveau fertile de Restif de la Bretonne

Victorin prenant son vol

Victorin, équipé de ses fortes ailes, s'élevant en l'air de la pointe la plus escarpée du Mont inaccessible, à dix heures du soir, portant un panier de provisions attaché à la sangle de cuir qui entourait ses reins, ce qui, d'en bas, lui donnait l'air d'un oiseau d'une incomparable grosseur. Voici ce que nous apprend Restif dans son roman célèbre, inspiré très certainement de Cyrano de Bergerac et de Wilkins. Victorin est censé parcourir le monde au moyen de ses ailes artificielles et il découvre des pays peuplés de différentes espèces d'hommes-brutes, tels que les hommes-serpents ici reproduits.

Les Hommes-serpents

Frontispice et planche de l'ouvrage : *La découverte australe par un Homme volant ou le Dédale français*, par Restif de la Bretonne (1781).

Les Hommes volants dans la réalité

Degen, dit « Vol-au-Vent », ridiculisé par la Caricature du Premier Empire

Catastrophe du Mercure moderne ou on ne vole pas toujours.

Caricature de 1812, sur Jacques Degen, horloger autrichien, qui, à Vienne et à Paris, de 1809 à 1813, annonça quantité de représentations de *volation*, lesquelles en « matière de vol » ne firent voir, dirent ses détracteurs, que « le vol des entrées réclamées aux spectateurs ».

L'appareil volant de Degen qui, en 1812, fut exposé de face et en plan chez tous les marchands d'estampes de Paris, a été, depuis, reproduit par tous les ouvrages sur l'aviation. Le point important, dont Degen ne parlait pas, et qu'on voit figurer sur cette image, c'est que le système, ainsi que l'aviateur, devait être attaché à un petit ballon gonflé de gaz hydrogène.

Après trois expériences malheureuses, au Champ-de-Mars, Degen finit par être roué de coups par la foule, puis bafoué, caricaturé, chansonné sous toutes les formes.

Les Représentations de Vol aérien dans les Jardins de plaisir

Le *Jardin d'Idalie*, l'endroit à la mode depuis le Directoire, annonçait, sans cesse, des expériences en parachutes et des *représentations extraordinaires* de vol à tire-d'ailes (hommes et même oiseaux), qui, dit un contemporain, « ne volèrent jamais que l'argent du public ».

Voici comment le rédacteur du recueil *Sciences et Arts* s'exprime au sujet de la prétendue expérience de vol à tire-d'ailes ici figurée par l'image, qui eut lieu le 30 vendémiaire an VIII.

« L'affluence des curieux était considérable dans les environs du Jardin d'Idalie, de l'Allée des Veuves, des Champs-Élisées et de tous les côtés où l'on pouvait apercevoir l'espèce de mât, aux deux tiers duquel on avait pratiqué une mesquine galerie, qui semblait indiquer que l'imitateur de Bagueville (lisez marquis de Baqueville) s'élançait de là dans les airs. Mais, quelque nombreux que fussent les spectateurs, dans ces différents endroits, ils n'augmentaient pas la recette du bureau du soi-disant physicien ; aussi les lenteurs qu'on mit à l'appareil de cet étrange spectacle furent pour beaucoup dans l'attente de spectateurs payants. »

Bref, ce nouvel Icare se brisa, paraît-il, la tête et les membres et fut relevé tout en sang !

Quel était-il? Un jeune homme âgé tout au plus de dix-neuf ans, ancien garçon épicier. C'est du moins ce que nous apprend l'éditeur de *Sciences et Arts,* qui insinue : « Si on ajoutait foi aux *on-dit*, on pourrait donner quelque confiance au bruit qui circule que cet homme est attaché au citoyen Garnerin. Ce qu'il y a de constant, c'est que si ce dernier n'a pas présidé en public à cette fatale expérience, il a disposé, ordonné et conduit les différentes parties qui formaient cette dangereuse mécanique. »

Au bas de la gravure se trouvent les ailes en grandeur naturelle. D'après l'échelle, elles avaient environ 4 mètres (12 pieds) de longueur : elles pesaient 10 livres.

Les Hommes volants dans la caricature, aux approches de 1850

Nouvelle manière espagnole de s'introduire chez soi ou ailleurs.

Ce que l'on est exposé à rencontrer entre deux nuages.

Un homme de bourse prenant son vol.
(Souvenir rétrospectif.)

Quelques Machines volantes qui jamais ne volèrent

La Machine aérienne. — Caricature de 1850.

— Tiens ! voilà cette fameuse machine... Seulement, au lieu de prendre la voie des airs, elle a pris celle des messageries Laffitte et Gaillard...
— On n'a donc pas encore pu *voler* avec cette invention ?... Patience ! elle va être mise en société en commandite !

Dans un Dictionnaire comique de 1850, rédigé à la façon de Commerson, au mot *navigateur aérien* on lit ceci : « Celui qui annonce devoir voler dans les airs (!!) et qui, en réalité, ne vole que l'argent des spectateurs ou des actionnaires ». C'est cette idée que traduit spirituellement la caricature ci-haut, publiée dans *la Mode*.

La machine imaginée par M. Kaufmann était destinée à pouvoir se mouvoir sur terre au moyen de roues, sur l'eau en flottant comme un bateau et, dans l'air, à l'aide de grandes ailes qu'un mécanisme puissant devait mettre en mouvement. Un modèle de petite dimension, construit par l'inventeur, fonctionna sur terre et sur eau, mais ne put jamais parvenir à s'élever dans l'air au moyen de ses ailes. L'appareil ici reproduit figura à l'Exposition aéronautique de Londres (1868), mais ne vola que sur les gravures.

Appareil de navigation aérienne, système Kaufmann exposé au Palais de Cristal de Londres (1868). — Dessin de M. C. Damasmi.

L'ancêtre des appareils Victor Tatin

Premier projet rationnel d'aéroplane dû à l'anglais Henson (1843)

Hensons Luftdampfwagen. (Locomotive aérienne à vapeur de M. Henson, qui ne fonctionna qu'à titre d'essai.)
(Gravure sur bois, tirée d'un *Messager Boiteux*, suisse ou allemand, de 1844, et exécutée d'après l'estampe originale anglaise.)

Cette *machine à vapeur aérienne*, ainsi qu'on l'appelait, consistait, comme on peut le voir par l'image, en un chariot adapté à un grand cadre rectangulaire de bois et de bambou, couvert de canevas ou de soie vernie. Le cadre, formant plan incliné, s'étendait de chaque côté du chariot de la même manière que les ailes étendues d'un oiseau, mais avec cette différence qu'il devait rester immobile. Derrière, se trouvaient deux roues verticales en éventail, munies de palettes obliques destinées à pousser l'appareil. Ces roues jouaient donc le rôle de propulseur.

Il y eut plusieurs essais de fonctionnement de l'appareil Henson, mais ces essais doivent être considérés comme autant de tentatives infructueuses. Le 8 avril 1843, l'*Illustration* publiait une gravure sur bois représentant l'aéroplane sur la falaise de Douvres, et donnait à son sujet les explications qui suivent :

« Que le lecteur se représente un vaste châssis en bois de 50 mètres de longueur et de 10 mètres de largeur, solide quoique léger, recouvert de soie ou

En-tête du papier à lettres de la *The Aerial Steam Carriage*,
société pour la fabrication des appareils Henson.
(Collection Santa-Maria.)

de drap, remplissant l'office d'ailes, bien qu'il n'ait ni jointures, ni mouvement, et s'avançant dans l'atmosphère, un de ses côtés plus élevé que l'autre. Au milieu du côté inférieur s'attache une queue de 15 à 16 mètres de longueur, construite comme un châssis ; au-dessous de cette queue est un gouvernail.

« Enfin, au-dessous du châssis se trouvent suspendues la voiture destinée au transport des marchandises et des voyageurs et une machine à vapeur aussi puissante qu'elle est petite et légère, qui met en mouvement deux espèces de roues à vannes, semblables à des ailes de moulin à vent, de 7 mètres environ de diamètre, et situées sous le châssis.

« Une semblable machine, avec son charbon, son eau, sa cargaison et ses passagers, ne pèsera pas plus de 1 500 kilogrammes ; or, comme sa superficie est d'environ 1 500 mètres carrés, elle occupe 32 centimètres carrés pour 170 gr. de poids ; elle est par conséquent plus légère que beaucoup d'oiseaux. »

L'Ancêtre du « Plus lourd que l'air » et de la Photographie aérienne

Caricatures par André Gill, sur Nadar et ses ballons (l'image de gauche le représente s'accrochant au *Géant*)
Publiées dans *la Lune* et dans *le Hanneton* (1866, 1867).

Nadar élevant la photographie à la hauteur de l'art.
Caricature par Daumier (*Le Charivari*, 1860).

Nadar et le " Plus lourd que l'Air "

Nadar père, photographe et aéronaute !

Un ancêtre qui est encore le plus jeune et le plus vivant des vieillards !

Nadar n'est pas seulement un précurseur ; c'est, en quelque sorte, le véritable triomphateur du jour, et à un double point de vue : comme auteur des premières photographies aériennes et comme auteur du fameux *Manifeste de l'automotion aérienne* qui fut accueilli par la presse du monde entier et qui souleva un mouvement presque universel en faveur du *Plus lourd que l'air*. Ce manifeste, qui fit époque dans l'histoire de la navigation aérienne, arrivait, on le sait, à cette conclusion : 1° Supprimer les ballons que l'on ne saurait songer à diriger dans l'atmosphère ; 2° créer la navigation aérienne par la construction d'un grand hélicoptère mécanique. Malheureusement Nadar et ses amis ne purent arriver à aucun résultat pratique : on dut se borner à faire fonctionner de petits hélicoptères-jouets, dans une séance de la *Société de Navigation aérienne*. Toutefois, M. Ponton d'Amécourt et M. de la Landelle publièrent des projets d'hélicoptères à vapeur. Le premier fit même mieux : il construisit, en 1865, un charmant petit modèle qui a figuré à plusieurs Expositions et qui existe encore de nos jours.

Les Hommes volants dans la réalité : Lilienthal et le vol plané

L'Homme volant.
Une expérience tragique à Gross-Lichterfeld, près de Berlin (1896).

Otto Lilienthal, né le 24 mai 1848 à Anklam, en Poméranie, est l'auteur d'un travail remarquable sur le *Vol des oiseaux considéré comme base de l'aviation*. Sa première machine à ailes battantes fut construite en 1867 et, depuis 1891, avec ses nouveaux appareils de planement (le dernier étant composé de deux surfaces superposées), il parvint à réussir plus de deux mille fois ses essais de vol. Il était arrivé à parcourir, en planant, des distances de 200 à 300 mètres, réussissant même à dévier la trajectoire de son vol, au moyen de légers déplacements. L'illustre expérimentateur se proposait d'attaquer la seconde partie du problème, *le vol ramé des oiseaux*, à l'aide d'un moteur léger, quand survint la catastrophe fatale, le 9 août 1896.

Un prospectus amusant!

L'Avion historique d'Ader

La machine volante de M. Ader.

D'après le croquis d'un témoin oculaire de l'expérience.

Les travaux de M. Ader commencèrent en 1882; en 1891, il réussit à intéresser à ses efforts le ministère de la guerre qui, jusqu'en 1897 (date de l'expérience de l'*Avion* n° 3), dépensa 500000 francs en expériences de toutes sortes et en construction d'appareils. L'Avion n° 1 a figuré à l'Exposition Universelle de 1900 (moyens de transports).

L'Appareil
de M. Cayrol=Castagnat

Cayrol-Castagnat, qui, à ce qu'il nous apprend, fut inspiré dans ses recherches par la guerre de 1870, en voulait surtout à la routine administrative et aux savants « ennemis de tout progrès qui pourrait jeter une pierre dans leur jardin ». Il était, lui, pour la natation aérienne, « nouveauté à la fois curieuse et scientifique, offrant sécurité, exercice agréable et salutaire, grâce au

ballon *l'Avenir* » auquel s'accrochait son nageur comme le fameux cheval que Poitevin suspendait à sa nacelle.

L'appareil, pesant 3 kilos en son ensemble, se composait de deux ailes et d'une queue, s'adaptant à la taille par une ceinture de sauvetage. Est-il besoin d'ajouter que « l'École de natation aérienne », qui devait s'ouvrir en 1878, ne fonctionna jamais. L'humanité est si méchante !

Comment les Artistes modernes conçoivent les hommes volants

I. Dans le domaine des possibilités futures

Dessin original d'une composition publiée par le journal *La Chronique amusante* (1902).

Comment les Artistes modernes conçoivent les hommes volants

II. Dans le domaine de la pure fantaisie

— Le temps est au beau, flânons.

— Eh! ça se gâte. Baptiste, mon parapluie-ancre!

— Ma tournée de visites. Du 40 à l'heure.

— Je repasserai tantôt.

— Un cigare-ballon, mademoiselle, et bien choisi, s. v. p.

— Un soda.

— Charmante! Je suis l'oiseau, madame; voyez mes ailes!...
Et je vous suivrai au bout du monde!

— Coucou! Me voilà!

— Pristi! J'ai eu tort de quitter mon ballon. »

(*Le Journal*, 18 juillet 1901.)

L'idée du ballon-cigare, mise par Caran d'Ache en images amusantes, semble avoir été inspirée au spirituel dessinateur par un petit jouet-surprise créé en 1900 : un cigare d'où sortait un ballon.

Projet de ballon dirigeable resté à l'état de pure fantaisie (1850)

Ce *Locomoteur atmosphérique dirigeable* n'était point la première invention de M. Émile Gire, qui tenait à bien faire savoir qu'il était de Nîmes, dans ses brochures, comme si cette origine constituait, à ses yeux, un titre de noblesse semblable au *citoyen de Genève* dont Rousseau aimait à faire suivre son nom. Bref, Émile Gire, de Nîmes, avait déjà pris le 17 août 1843, un brevet pour des *moyens et pro-* soumettre une infinité de pays : mais la France, la possédant, dominerait l'univers entier ».

Et c'est pourquoi M. Émile Gire, de Nîmes, certain du succès de sa machine, faisait un chaud appel au patriotisme de ses concitoyens qui « ne voudraient certainement pas laisser un pareil moyen de défense tomber aux mains de l'étranger. »

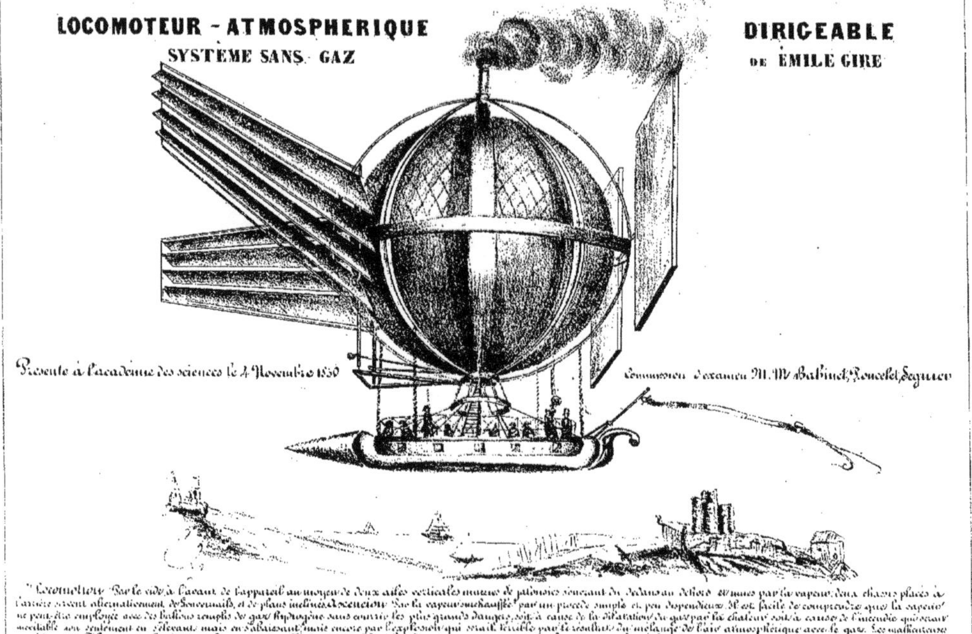

cédés de direction des aérostats, sans employer de lests, sous forme d'un appareil à éolipyle et pour leur application comme *machine de guerre redoutable.*

La nouveauté de ce système, ce sont *les ailes verticales munies de jalousies* que n'avait point la machine de 1843, machine considérée surtout au point de vue militaire contre les fortifications. En sa brochure, publiée en 1843, l'auteur disait à ce propos : « Que ferait Paris fortifié, que lui serviraient ses murs d'enceinte contre une arme aussi terrible ? Le cœur saigne et frémit à cette pensée qu'une puissance étrangère, qui disposerait de notre arme, pourrait

Hélas ! trois fois hélas ! en novembre 1851, l'appareil modèle n'était pas encore livré aux amateurs, et en juin 1852, par une note publiée dans plusieurs grands journaux de l'époque, M. Émile Gire, de Nîmes, priait ses fidèles souscripteurs de bien vouloir patienter encore quelque peu.

Patientèrent-ils ? on ne saurait le dire, mais ce que l'on peut affirmer, c'est qu'ils attendirent en vain le *Locomoteur atmosphérique dirigeable,* si bien que Nîmes ne put pas marquer dans les annales de l'aérostation, comme Avignon, à la fin du xviiie siècle.

Voyages imaginaires à travers l'espace et Hommes volants

(XVIᵉ-XVIIᵉ siècle.)

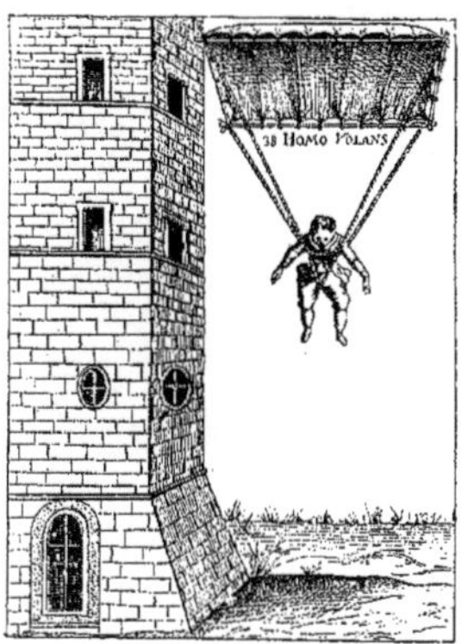

Parachute

Décrit par FAUSTE VERANZIO, dans son recueil de machines, publié à Venise en 1617.

L'auteur a défini comme suit son instrument, s'inspirant des termes déjà employés par Léonard de Vinci :

« Avecq un voile quarré estendu avec quattre perches égalles, et ayant attaché quatre cordes aux quatre coings, un homme sans danger se pourra jeter du haut d'une tour on de quelque autre lieu éminent ; car encore qne, à l'heure il n'aye pas de vent, l'effort de celui qui tombera apportera du vent que retiendra la voile de peur qu'il ne tombe violement; mais petit à petit descende.

« L'homme doncq se doit mesurer, avec la grandeur de la voile. »

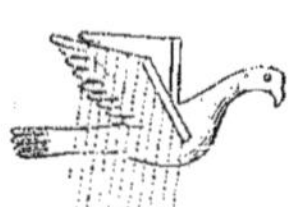

Oiseau de Borelli.

Décrit en 1780. Théorie reposant exclusivement sur le vol de l'oiseau.

On n'ignore pas que le premier document qui ait été enregistré par les historiens spéciaux, en matière de vol mécanique, est relatif à la colombe volante d'Archytas, de Tarente, lequel vivait 400 ans avant l'ère chrétienne.

Dans sa relation des *États du Soleil*, Cyrano de Bergerac décrit, lui aussi, une machine qu'il appelle un *oiseau de bois*.

Frontispice de *L'Homme dans la lune ou Le voyage chimérique fait au Monde de la Lune nouvellement découvert*, par Dominique Gonsalès, adventurier Espagnol, autrement dit « Le courrier volant. » (La Haye, 1651).

L'auteur a apprivoisé des *gansas* (cygnes sauvages de l'île Sainte-Hélène, des oies, plutôt, si l'on tient compte de l'origine du mot *gans*) en leur montrant constamment un objet blanc pour direction. Une belle nuit il s'envole du pic de Ténériffe, à cheval sur un bâton, traîné par un attelage de ces oies colossales. Au bout de 15 jours il aborde à la lune.

Il est bon de faire remarquer, à ce propos, que le XVIIᵉ siècle fut l'époque par excellence des voyages imaginaires. L'astronomie venait, en effet, d'ouvrir à l'homme tout un monde nouveau de merveilles jusqu'alors inconnues, grâce auxquelles on allait pouvoir distinguer la surface de la lune et des autres terres. C'est ce qui, tout naturellement, dans l'ordre du roman d'imagination, amena ces voyages dans la Lune dont la multiplicité fournit la preuve du réel désir d'au-delà qui, dès ce moment, devait étreindre l'humanité jusqu'alors enserrée en d'étroites limites.

Figure pour *Le voyage à la Lune*, de Cyrano de Bergerac.

Œuvres complètes (Amsterdam, 1709).

Cyrano de Bergerac indique, jusqu'à cinq moyens différents de voyager dans les airs :

1° par des fioles remplies de rosée que le soleil aspire et fait monter ;

2° par un grand oiseau de bois dont les ailes sont mises en mouvement ;

3° par des fusées d'artifice qui partent successivement et élèvent chaque fois le char aérien de leur force de projection;

4° par un octaèdre de verre chauffé par le soleil, dont la partie inférieure laisse pénétrer l'air froid, plus dense qui élève le ballon ;

5° par un char de fer et un boulet d'aimant que le voyageur lance successivement en l'air et qui attire constamment le char. Ce dernier moyen, nous apprend-il, lui avait été indiqué par un habitant de la lune (!!!)

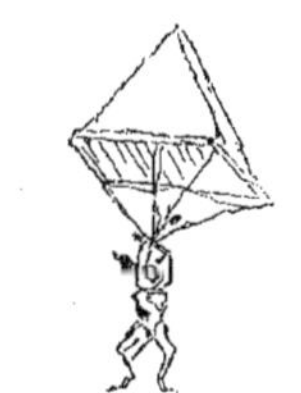

Croquis de Léonard de Vinci
représentant un parachute (1495).

« Si un homme a un pavillon de toile empesée dont chaque face ait 12 brasses de large et qui soit haut de 12 brasses, il pourra se jeter de quelque hauteur que ce soit, sans crainte de danger. »

Caricatures diverses de Daumier sur les ballons et les aéronautes

L'aéronaute — Eh'bien messieurs, que dites-vous de ce spectacle?
Un bourgeois — Je dis que je suis bien fâché d'avoir payé ma place trois cents francs!

Le *train de plaisir aérien* visait le fameux omnibus de M. Pétin dont il sera parlé ultérieurement et qui aux abords de 1850 mettait toutes les cervelles à l'envers.

Arrivée sur la terre de deux *Filles de l'Air*.

Couchées sur des nuages factices, dans des poses gracieuses, les *Filles de l'Air* étaient les ballerines de l'Hippodrome qui, souvent, s'élevaient... dans les airs sans nacelle, portées par des décors de carton.

Danger de porter des jupons ballons à l'époque des coups de vents de l'équinoxe.

Le *jupon ballon*, à volants multiples, se porta réellement et sur la crinoline il avait toutes les apparences d'un ballon gonflé, qu'un rien semblait devoir facilement *dégonfler*.

Une ascension en automne : M. Thévélin se livrant sur son trapèze à un exercice aquatico-aérien.

M. Thévélin fut un des nombreux aéronautes-acrobates qui faisaient, alors, les délices des Parisiens à l'Hippodrome.

Ces amusantes lithographies de Daumier furent toutes publiées dans *Le Charivari*, à partir de 1850, pour répondre à des actualités *ballonesques*, même au point de vue mode.

Les Ballons de l'Hippodrome

Affiches pour les ascensions des Filles de l'Air et de M. Margat

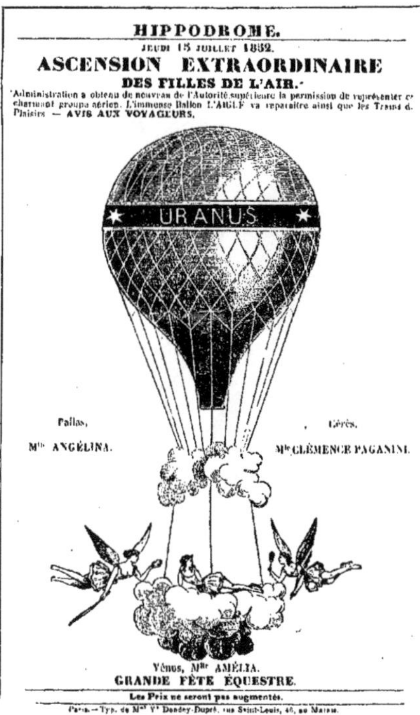

« Ça ? ça n' peut être que le ballon de l'Hippodrome qui vient
d'tomber cheux nous !...
Vignette de Nadar dans le *Journal Amusant* faisant allusion
au jupon-ballon.

Les *Filles de l'Air*, à l'ancien Hippodrome de Paris,
firent les délices de toute une génération. Que d'Amélia,
que d'Angelina, que de Clémence, que d'Alphonsine, que
de Léontine, que de Juliette, se firent, ainsi, enlever dans
les airs et… autrement. Ascensions sûrement pas scientifiques, on peut l'affirmer, mais qui intéressèrent alors, tout
particulièrement, le Paris mondain et même demi-mondain.

C'est une phase de l'histoire de l'aérostation, phase fertile

en incidents, durant laquelle le public s'était habitué à
voir, chaque semaine, quelques ballons nouveaux partir de
l'Hippodrome et s'élever dans les airs avec leurs aéronautes équilibristes, à pied ou… à cheval.

Ballons et feux d'artifice se confondaient également
dans la joie populaire.

L'Aigle figurait sur les drapeaux, timbrait les papiers
officiels, et s'enlevait dans les airs !

An AERIAL EXCURSION.

Published by J. Williamson. N. 20. Strand London. Sep.t 8 1802

D'après l'estampe originale appartenant à MM. A. Geoffroy frères

De quelques Ascensions célèbres de 1850 à 1870

d'après les journaux de l'époque

DEUX ASCENSIONS ANGLAISES

I. Ascension scientifique de Green

1. Ascension dans les jardins du Wauxhall à Londres (septembre 1852). — Gravure sur bois du *London News*, d'après un daguerréotype.

Les quatre savants que l'on voit, ici, réunis dans la nacelle sont, en allant de gauche à droite, MM. Nicklin, Welsh, Adie et Green.

Les ascensions scientifiques furent particulièrement fréquentes durant la période de 1848 à 1852 ; et, particularité qui doit être enregistrée, les Anglais y prirent une assez grande part.

2. Ascension de M. Hampton à l'Hippodrome Batty, à Kensington, dans son ballon *Erin-Go-Bragh* (juin 1851). Ce ballon fut construit à Dublin par souscription publique, dans le but de venir en aide à l'aéronaute dont un ballon précédent avait été détruit en 1844, dans les jardins de Portobollo.

D'après une gravure sur bois du *London News*.

Suivant la tradition du XVIIIᵉ siècle, l'*Erin-Go-Bragh* était un ballon très décoratif, orné de curieuses figures peintes représentant l'Angleterre et l'Irlande.

II. Ascensions hyppodromesque de Hampton.

Ascension par Godard du ballon *La Gloire*, muni d'une machine motrice de son invention, devant l'Empereur, l'Impératrice et le prince impérial, à Compiègne.

D'après une gravure sur bois du *Monde Illustré* (1862).

Nous donnons le fac-similé de la page entière du journal, quoique une partie du texte vise plus particulièrement le château de Pierrefonds.

Les Ballons dans la Chanson populaire vers 1850

Titre de la chanson de Nadaud, lithographié par Célestin Nanteuil.
De la chanson qui fit époque voici quelques couplets curieux :

J'ai rompu le dernier lien
Qui me rattachait à la terre
Sur mon navire aérien,
Je m'élance dans l'atmosphère.

Le tissu flexible et léger
Que gonfle le subtil fluide,
Part sans secousse et sans danger
Au hasard qui souvent le guide.

La terre s'éloigne de moi,
Je glisse dans l'air diaphane ;
Je vois l'abîme sans effroi,
Et dans l'immensité je plane.

Les champs dorés et les prés verts.
Les eaux d'argent, les toits de brique
Forment avec leurs tons divers,
Une éclatante mosaïque.

Sous un brouillard épais et lourd
Les villes grisâtres pâlissent ;
Leur aspect sombre et leur bruit sourd
Dans le néant s'ensevelissent.
O les humaines passions,
Les espérances mensongères.
O les basses ambitions
Qui grouillent dans ces fourmilières !

Adieu terre ! J'ai pris mon vol
Au-delà des zônes connues
Mes pieds ne tiennent plus au sol ;
Je sonde l'infini des nues !
Voici le zénith étoilé !
L'horizon disparaît immense :
Il semble que Dieu m'ait parlé
Et que l'éternité commence !

Titre lithographié par Cham pour la parodie

du *Voyage aérien*. On jugera de son « esprit » par les couplets qui suivent :

Pour un voyage aérien,
Comme Nadaud quittant la terre,
Comme lui brisant mon lien,
J'ai voulu changer d'atmosphère ;

Connaissant monsieur Franconi
A qui j' fournis d' la légume,
Dans un panier d' salade y m' mit
Et j' partis pour le pays d' la brume.

On avait gonflé l' ballon
Comm' ils dis'nt d'un subtil fluide.
Moi j'avais porté mon bidon
Que j'avais rempli de liquide :

Je mont', je mont', je mont' tout droit,
Je m' balance comm' un' sultane,
Je r'gard tout le monde bien au-d'sous de moi,
Et dans l'immensité je flâne !
L' jardin des plant's et Charenton,
Le bâtiment académique,
Tout ça se mêle et se confond,
Et ne fait plus qu'une boutique.

Sous des brouillards épais et lourds,
Je vois tout l' monde qui s'embrouille ;
Ils z' hurlent comme des sourds,
Paris semble un troupeau d' guernouilles.
Mon Dieu ! que de marchands d' coco,
Que d' charlatans, que d'homm's d'affaires,
Que de plaideurs, que de badauds,
Que de boursiers, que de compères !...

L'imagerie satirique au XVIIIe siècle contre la locomotion aérienne

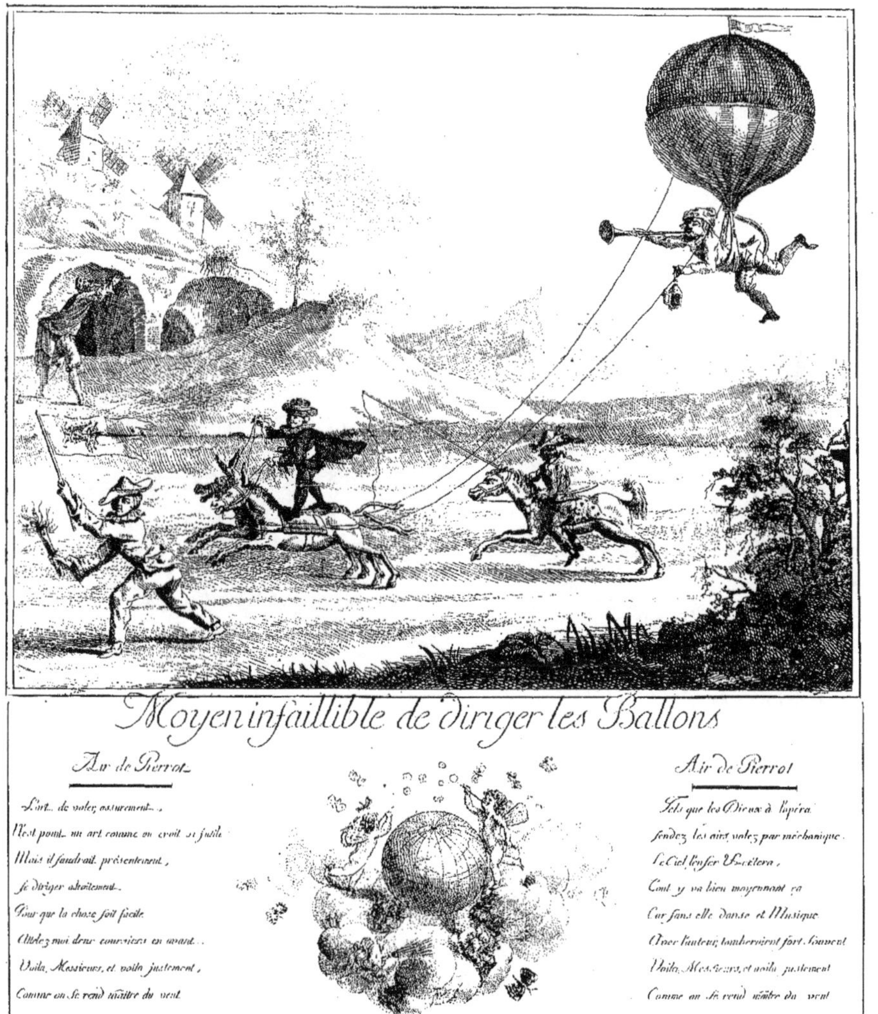

Caricature extraite de « _Les Étrennes de Mon Cousin ou Almanach pour Rire_ » (année 1787).

Ces deux estampes sont accompagnées de deux poésies satiriques : _Requête de ces Demoiselles aux Entrepreneurs de Globes_ et _Couplets sur les globes_, de l'esprit desquelles on peut juger par les strophes ici reproduites.

L'Imagerie satirique au XVIIIᵉ siècle contre la locomotion aérienne

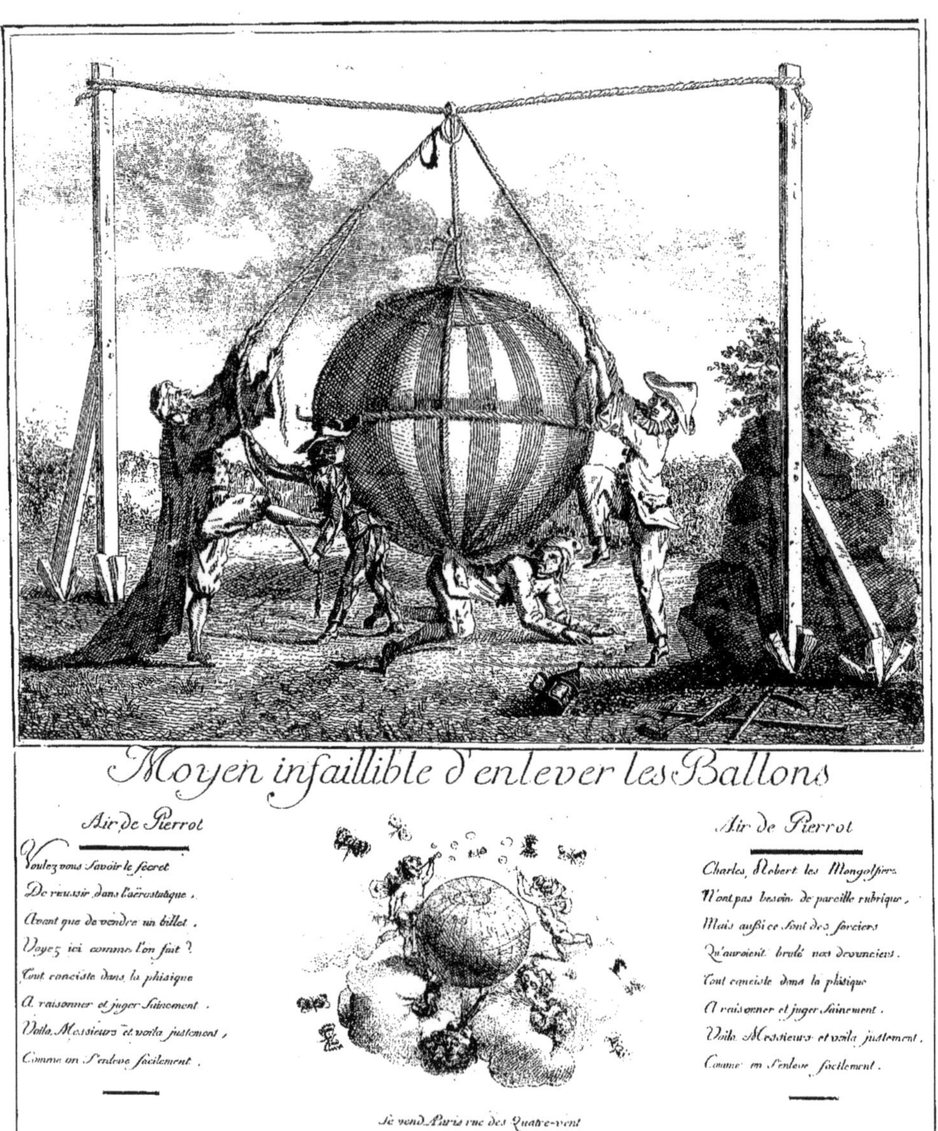

Caricature extraite de « Les Étrennes de mon Cousin » ou Almanach pour rire (Année 1787).

Ces deux estampes sont accompagnées de deux poésies satiriques : *Requête de ces demoiselles aux Entrepreneurs des Globes* et *Couplets sur les globes de l'esprit* desquelles on peut juger par les strophes ici reproduites.

Petites curiosités aérostatiques

Tickets d'entrée pour ascensions célèbres; cartes de visite de spécialistes

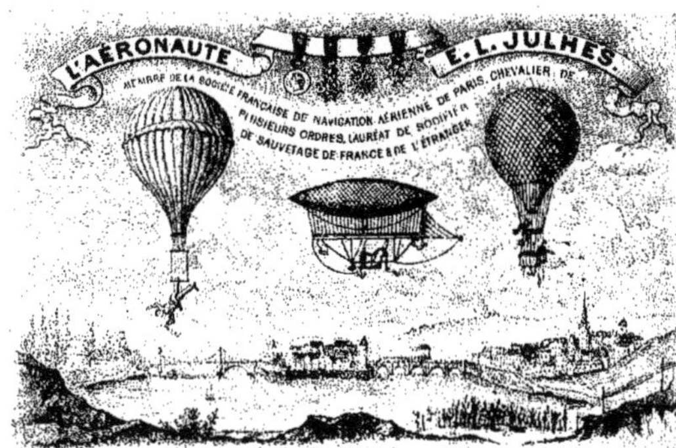

Reproduction d'une des nombreuses cartes-réclame publiées par
cet aéronaute-sauveteur, qui, des dernières années du second
Empire jusque vers 1880, aima quelque peu à faire parler de
lui. (Coll. Armand Lévy).

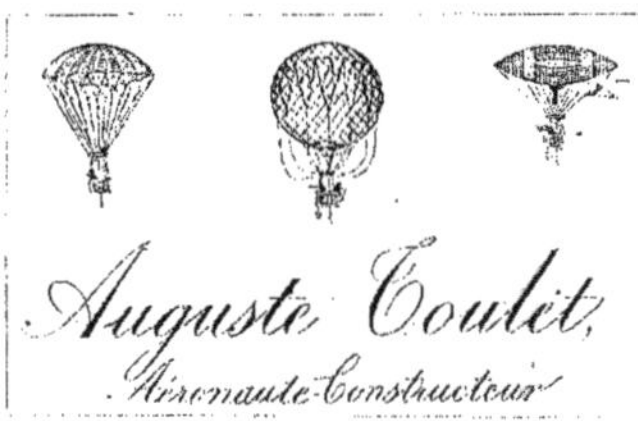

Si l'on ne connaît guère qu'un seul ex-
libris au ballon, les cartes de visite agré-
mentées de ballons sont relativement assez
nombreuses, qu'elles proviennent de profes-
sionnels ou de fantaisistes. Quand il s'agit
d'un constructeur, cela est tout naturel ; c'est en quelque sorte
l'habituel cliché commercial. Sur la carte de visite il n'en est pas
de même et, peut être, n'est-il pas inutile de faire remarquer que
ce fut la caractéristique des aéronautes de fêtes publiques, ces
acrobates de l'aérostation qui, pendant plus de trente ans,
devaient faire dévier la question et transformer ainsi le grand
problème de la conquête de l'air en une banale attraction foraine.

Ticket d'entrée pour les ascensions de Lunardi, à Londres,
en 1784.

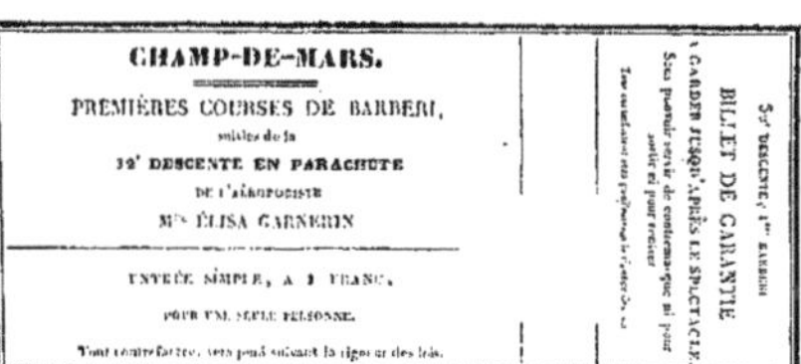

CHAMP-DE-MARS.

PREMIÈRES COURSES DE BARBERI,
suivies de la
12ᵉ DESCENTE EN PARACHUTE
DE L'AÉROPODISTE
Mˡˡᵉ ÉLISA GARNERIN

ENTRÉE SIMPLE, A 1 FRANC,
POUR UNE SEULE PERSONNE.

Tout contrefacteur, sera puni suivant la rigueur des lois.

Verso et recto des cartes d'entrée à des représentations d'Élisa Garnerin, sous
le premier Empire et la Restauration. Élisa Garnerin était la nièce du célèbre
Garnerin l'inventeur du parachute. (Coll. Miquel).

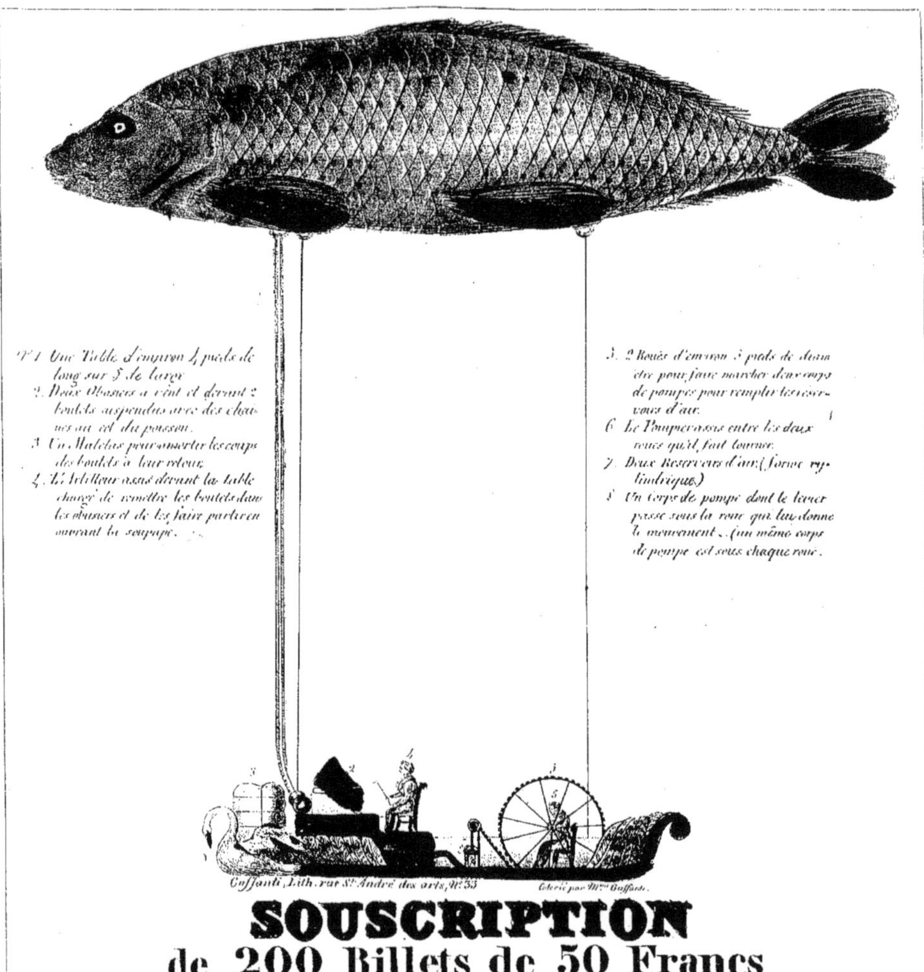
N° 1 Une Table d'environ 4 pieds de
long sur 3 de large
2. Deux Obusiers à vent et devant 2
boulets suspendus avec des chaî-
nes au col du poisson.
3. Un Matelas pour amortir les coups
des boulets à leur retour.
4. Le Artilleur assis devant la table
chargé de remettre les boulets dans
les obusiers et de les faire partir en
ouvrant la soupape.
5. 2 Roues d'environ 3 pieds de dia-
ètre pour faire marcher deux corps
de pompes pour remplir les réservoirs d'air.
6 Le Pompeur assis entre les deux
roues qu'il fait tourner.
7. Deux Réservoirs d'air (forme cylindrique)
8 Un corps de pompe dont le levier
passe sous la roue qui lui donne
le mouvement . (un même corps
de pompe est sous chaque roue.
SOUSCRIPTION
de 200 Billets de 50 Francs
pour l'Expérience d'un Ballon dirigé à volonté au moyen de deux obusiers
à vent placés dans la nacelle et lançant en avant deux boulets suspendus au
cou d'un BALLON en forme de POISSON.
Messieurs les Souscripteurs seront remboursés de leurs avances aussitôt
que la recette égalera la dépense et de plus auront la moitié dans les bénéfices.
On Souscrit chez M. le Chevalier de la Barbée,
rue d'Orléans, N° 16, Faubg St. Marceau.

Ballon à rames et ascensions équestres au XVIIIe siècle

Blanchard, avec son Vaisseau volant, devait tourner bien des têtes : il devait même faire un élève ou, tout au moins, avoir un émule, en un nommé Testu Brissy, primitivement appelé Pierre Têtu qui fut acharné, tenace, pour ne point faire mentir son nom, proclamant même bien haut, sous forme de déclaration de principe, qu'il fallait en tous points *être têtu*. A vrai dire il ne faudrait point se méprendre sur le sens de ses déclarations, car il ne fut pas de *parti pris*, mais bien un homme dont le *parti était pris*, ce qui n'est point la même chose.

A partir de 1786, le dit Testu Brissy exécuta nombre de voyages aériens, dans une nacelle munie de rames; il fit même, au Luxembourg, la première ascension de

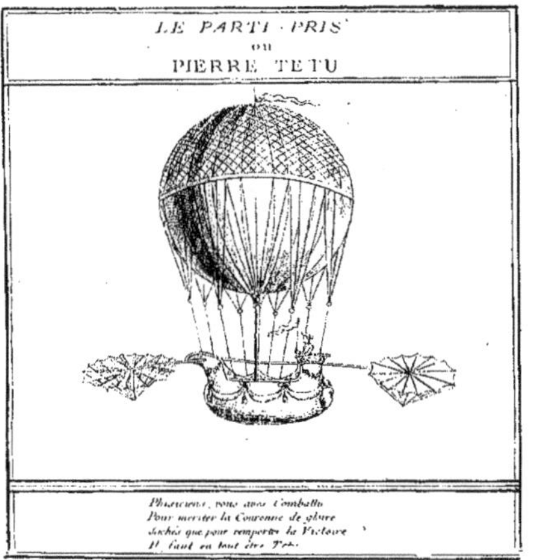

D'après une image de 1786. La même estampe se rencontre avec une succession de couplets se terminant par le refrain : *Il faut en tout être Têtu.* Le si remarquable inventaire analytique de la collection de Vinck que vient de publier M. François Bruel, du cabinet des Estampes, sous le titre de : *Un siècle d'histoire de France par l'Estampe*, contient justement de curieux détails sur Testu. (Coll. V. Bacon.)

nuit, puis, dès la fin du siècle, il passa à un autre genre d'exercice, inaugurant les ascensions équestres qui, plus tard, devaient asseoir la célébrité de Poitevin.

Pour ce faire, il avait inventé un ballon de forme allongée, ayant l'aspect d'un coussin, et qui se pourrait, aujourd'hui, fort bien comparer aux caricatures que les Allemands se complaisent à dessiner sur le Zeppelin. La nacelle en forme de plateau rectangulaire soutenait *le têtu Testu-Brissy.*

Il se fit voir ainsi à Meudon, déjà centre choisi pour les expériences aérostatiques et dans les jardins de plaisir où artificiers et ballonniers règnaient en maîtres.

« Qui n'a pas vu Pierre Têtu n'a rien vu », dit une réclame de 1797.

Le cheval-aéronaute ou ascension de Testu-Brissy, à Meudon.
(D'après une gravure, fort rare, de la collection Béreau.)

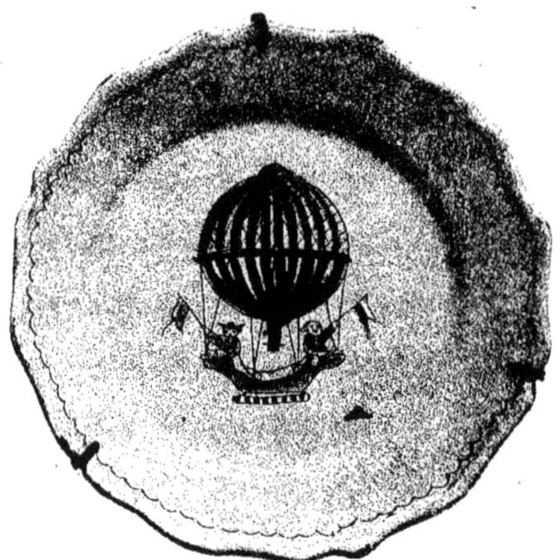

Assiette en faïence d'Avignon, avec Charles et Robert dans la nacelle, chacun agitant une petite oriflamme. L'un des aéronautes a même, en signe de joie, lancé son chapeau en l'air.

Assiette genre Moustiers, avec marly composé de petites fleurettes. Ballon de forme ovoïdale, également avec deux personnages dans la nacelle, chacun tenant une oriflamme.

Assiette genre Moustiers, avec deux personnages dans la nacelle laquelle est ornée de deux drapeaux fleurdelysés. Marly composé de petites branches de fleurs.

Assiette en faïence de Saint-Cloud, avec médaillon central lequel est censé représenter l'enlèvement du ballon de Charles et Robert, à la terrasse des Tuileries.

Quantité d'assiettes, de plats, de saladiers, de plats à barbe — faïences polychromes pour la plupart — furent fabriqués par les manufactures populaires après le succès des Montgolfier et surtout de Charles et Robert. La plupart portaient des légendes amusantes : *Bon Voyage*, — *Au revoir*, — *Sic itur ad astra !* — *Dans les airs !* — *A l'immortalité*.

Les Aérostats en forme de poisson
La machine de Camille Vert (1859), d'après le prospectus de l'inventeur

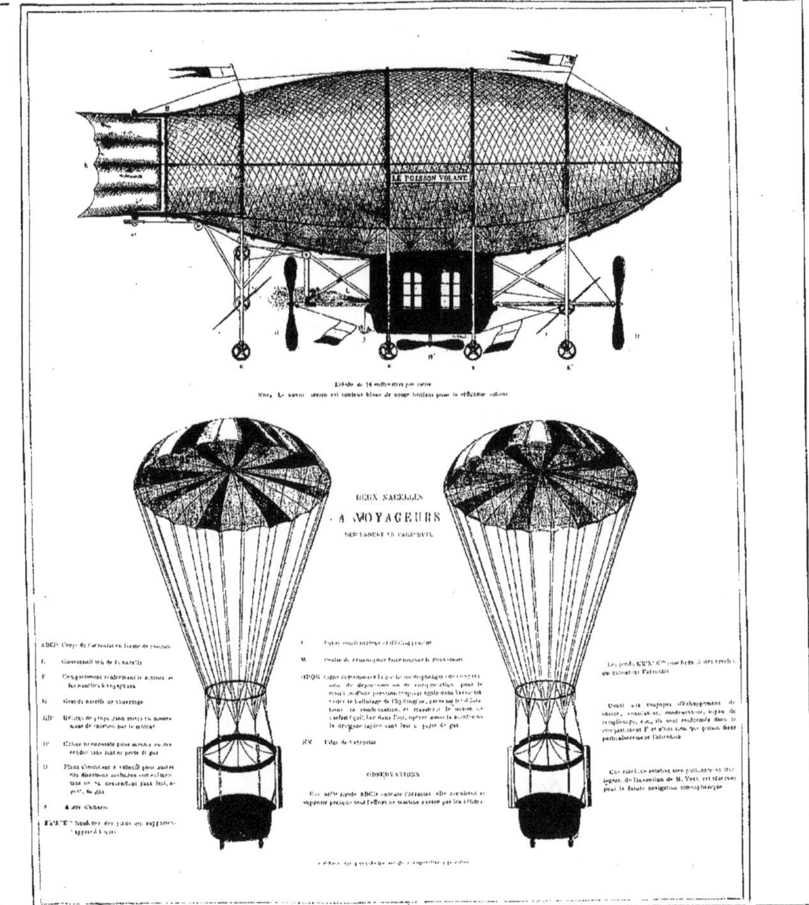

Comme on l'a fait remarquer précédemment, les poissons-volants furent assez nombreux durant la première moitié du XIXᵉ siècle. Autre fait curieux à retenir : Napoléon III devait s'intéresser tout particulièrement à la navigation aérienne, ayant, lui-même, en 1825, dressé le projet d'un aérostat à hélice avec ballonnet intérieur gonflé d'air par une soufflerie.

LE CONSTITUTIONNEL. LUNDI 11 AOUT 1851.

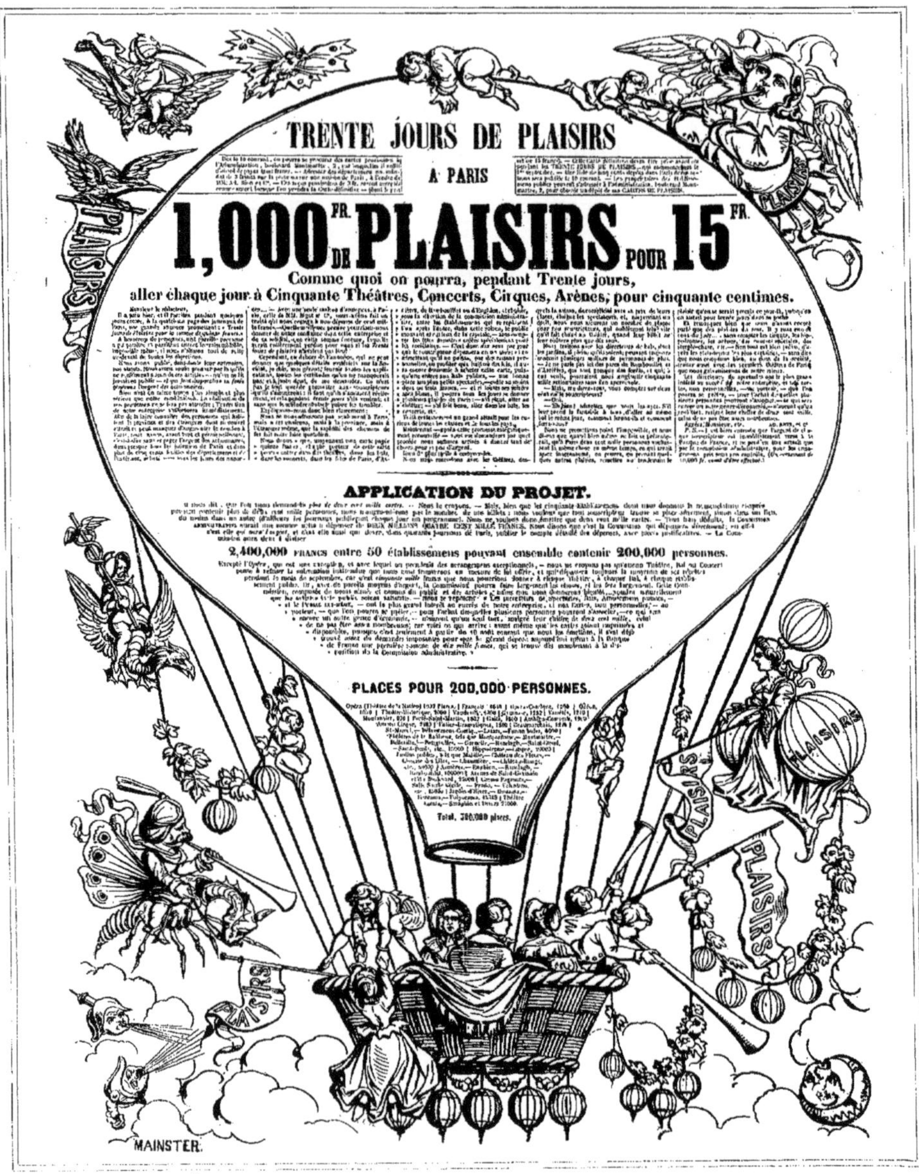

Cette annonce illustrée, tenant toute la quatrième page du *Constitutionnel*, est très certainement la première image qui se soit servie, dans un but de réclame, de la forme du sphérique.

Aéroplanes et dirigeables dans la caricature étrangère contemporaine

(Allemagne et Autriche)

Au pôle sud tout récemment découvert.

Le pingouin. — C'est le monde renversé. Les hommes volent et les oiseaux courent.

Caricature de Lyonel Feininger. (*Lustige Blätter*, de Berlin.)

Cette image a été publiée à propos des vols de Wright et des derniers conquérants de l'air.

Il arrive, il arrive, à Berlin !

Le comte de l'air (c'est-à-dire Zeppelin), salué à son passage par Kirschner et les jeunes personnes sphériques (c'est-à-dire les aéro-clubistes féminins).

Caricature de Jüttner. (*Lustige Blätter*, de Berlin).

Ce qu'on sera obligé de faire dans l'avenir, avec les flèches des cathédrales, lorsque viendra la pluie des aéroplanes et des dirigeables.

(*Kikeriki*, de Vienne.)

Coupe et profil de Machine volante au XVIIIe siècle

Cette *Mécanique du Vaisseau-volant* orné de ses quatre ailes, avec l'explication de toute la machinerie, est une pièce fort rare qu'il ne faut point confondre avec la *Machine du Vaisseau-volant,* sur laquelle le n° 5, c'est-à-dire Martinet, ingénieur et graveur du Cabinet du Roi et, qui plus est, adepte convaincu de l'aviateur.

L'imagerie devait se montrer tout particulièrement généreuse, on l'a déjà vu, à l'égard de Blanchard, mais

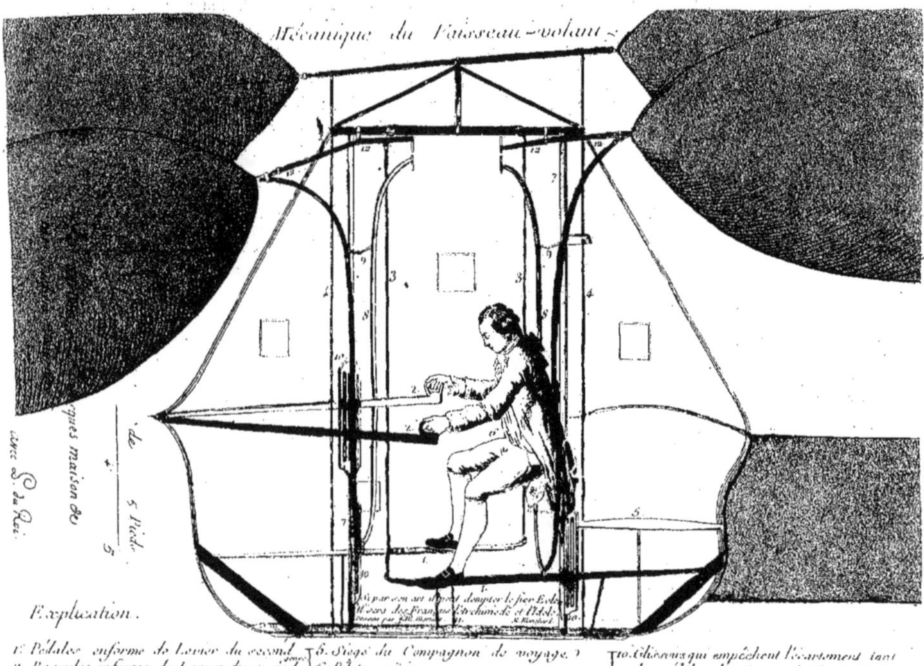

(Collection Louis Béreau.)

le siège du compagnon de voyage est occupé par un jeune garçon revêtu des attributs de la Folie et sonnant du cor. Étant donnée l'attitude du dit personnage on pourrait croire qu'il s'agit là d'une planche satirique dirigée contre Blanchard, si cette estampe ne portait la signature de Martinet, lui, représente le « Vaisseau-volant » de son ami sous toutes les faces. Avant les « mécanique » telle que la présente, il avait donné des vues extérieures du Vaisseau et de ses peintures allégoriques, lesquelles, paraît-il, auraient été l'œuvre du dessinateur-graveur, lui-même.

Deux curieux projets : La Flotille aérostatique de Dupuis=Delcourt (1824)

et l'appareil d'aviation, sans moteur, de Vittorio-Sarti (1828).

Ascension de MM. Dupuis-Delcourt et Richard, des Jardins de M. le
duc d'Aumont, à Montjean, près Paris, le 7 novembre 1824.

Lithographie servant de frontispice à la plaquette explicative publiée
sous le titre de : *Expérience de la flotille aérostatique* (Paris, Ponthieu.)

Né en 1802 à Berne, Dupuis-Delcourt, qui restera une
des figures les plus intéressantes de l'histoire de l'aéronautique, sacrifiant à sa passion toute son existence et
toutes ses ressources, avait donc vingt-deux ans, lorsqu'il
entreprit avec son ami, Jean-Marie Richard, une expérience demeurée célèbre sous le titre de : *flotille aérostatique*, — parce que le ballon principal était entouré de
quatre ballonnets beaucoup plus petits, — et dont le but
était de rechercher et d'étudier les courants atmosphériques.

L'expérience ne réussit pas : au bout d'une heure les
aéronautes durent descendre entre Thiais et Choisy-le-
Roi. Les quatre petits ballons n'avaient pu être d'aucun
secours : l'humidité avait fait gonfler les châssis en bois et
les vergues ; les poulies n'avaient pu fonctionner et les
ballonnets ne firent qu'entraver la marche de l'aérostat
principal.

Dupuis-Delcourt, qui était un lettré et un poète, a
donné de son expérience une description pleine de charme,
dont on ne lira pas sans intérêt quelques fragments : « A
la hauteur à laquelle nous étions », écrit-il, « nous

jugeâmes que le rayon du pays qui s'offrait à nous était
d'environ dix lieues, ce qui nous donnait un horizon dont
la circonférence devait être de soixante à quatre-vingts
lieues.

« Dans cet horizon immense, terminé seulement par la
faiblesse de notre vue qui se perdait dans la vague de l'air,
nous voyions à une très grande profondeur, sous nos
pieds, des masses énormes de nuages éclairés sourdement
par le soleil, déjà prêt à se coucher. Ces nuages, un instant
immobiles, découpés singulièrement, et formant par rapport à nous un immense plateau, nous présentaient l'image
de ces champs de glace que les voyageurs rencontrent
à une certaine latitude dans les mers polaires ; et lorsqu'un
peu plus tard, un courant d'air, au-dessus duquel nous
nous trouvions, vint à les entraîner en les portant du sud
au nord-est, il nous sembla voir une vaste rivière char-
riant d'énormes glaçons. »

Appareil d'aviation sans moteur.

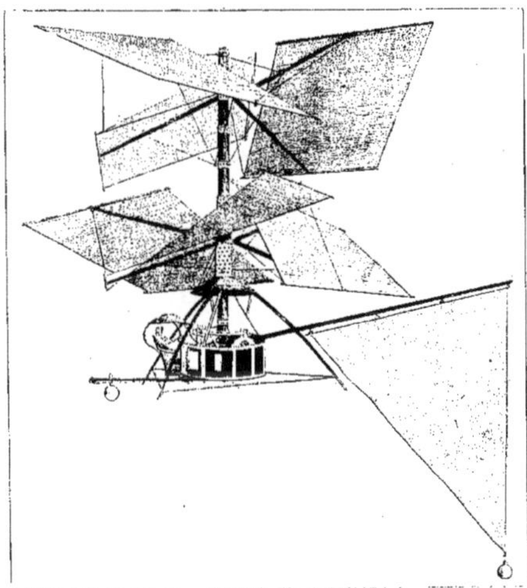

Aero-Veliero (Aéro à voile), nouvelle machine aérostatique inventée
par Vittorio Sarti, de Bologne, suivant la figure accompagnant le
Programma per un esperimento di Navigazione Aerea (Rome, 1828).
Appareil aviateur, naturellement sans moteur, pouvant se rapprocher
de ceux des Wright, Farman et Delagrange.

(D'après un exemplaire rarissime appartenant à MM. Geoffroy frères.)

Cette brochure contient également l'invitation de l'inventeur pour
assister à l'ascension de son appareil, le programme, les conditions,
prix des billets, etc.

Les Ballons à l'Hippodrome (1845 à 1852)

Composition lithographiée par A. Provost pour une série de grandes lithographies teintées ayant pour titre : *Paris et ses environs* (Gihaut frères, éditeurs).

Les *Arènes Nationales* furent le titre porté durant un certain temps par l'ancien Hippodrome, lequel avait été construit vers 1845, près de l'Arc de Triomphe, et était dirigé par un homme fort habile, Arnaud. Il existe de l'Hippodrome, en 1850, une planche à peu près semblable, mais retournée, et n'ayant ni le jet d'eau ni le parterre qui se trouvent ici, au milieu.

Arban qui salue, ici, le public, d'un geste si dégagé, qui apparaît dans sa redingote serrée à la taille comme un parfait dandy, exécuta de nombreuses ascensions à Paris et à l'étranger (notamment en Italie et en Espagne). L'on veut même — du moins c'est ce que laissait à entendre, tout récemment, l'*Illustration* — qu'il ait évolué au-dessus des Alpes en ballon. Un jour, à Trieste, le 8 septembre 1846, il faillit périr victime des sarcasmes de la foule. Voici comment. Il avait annoncé une ascension. Or, à quatre heures, nous apprend Tissandier, non seulement le ballon n'était pas gonflé, mais un accident rendait l'opération difficile et lente. Le public s'impatiente, murmure, profère des menaces. A six heures, ce sont des cris, des hurlements, on casse les haies d'enceinte, on insulte l'aéronaute.

Arban indigné veut partir, coûte que coûte. Il attache sa nacelle au cercle, mais le ballon, mal gonflé, n'a pas une force suffisante pour s'élever. L'aéronaute, exaspéré, détache sa nacelle, se cramponne au cercle, et s'élève sans guide-rope, sans ancre, à cheval sur une corde.

Dans un tel équipage, Arban a le malheur d'être saisi par un courant aérien supérieur qui le jette sur l'Adriatique. On lance des barques et des canots à sa poursuite. Tout est inutile. Arban finit par tomber dans la mer, ne devant son salut, — au moment où ses forces vont le lâcher, — qu'à deux braves pêcheurs qui l'ont aperçu.

Croquis de Gustave Doré (*Le Journal pour Rire*, 1852).

L'on sait que le célèbre artiste, alors à peine âgé de seize ans, a publié ainsi sur les spectacles de Paris toute une série de croquis au trait.

La Propulsion mécanique des Aérostats
Le Ballon-Navire de Lennox (1834)

La *Société aéronautique* mentionnée sur la légende de cette image, est la *Société pour la navigation aérienne* que le comte de Lennox avait en l'intention de fonder et qui avait des ateliers de construction aux Champs-Élysées, vis-à-vis du pont des Invalides. Ce *premier navire aérien*, suivant les termes de l'inventeur, était commandé par contenant de l'air, de 200 mètres cubes, communiquait à l'extérieur au moyen d'un tuyau. Il y avait vingt rames de 3 mètres carrés, à palettes mobiles, pour agir dans différents sens. Un long coussin remplissant l'espace contenu entre le ballon et la nacelle était soumis à l'action d'une pompe foulante et aspirante. La force ascensionnelle du

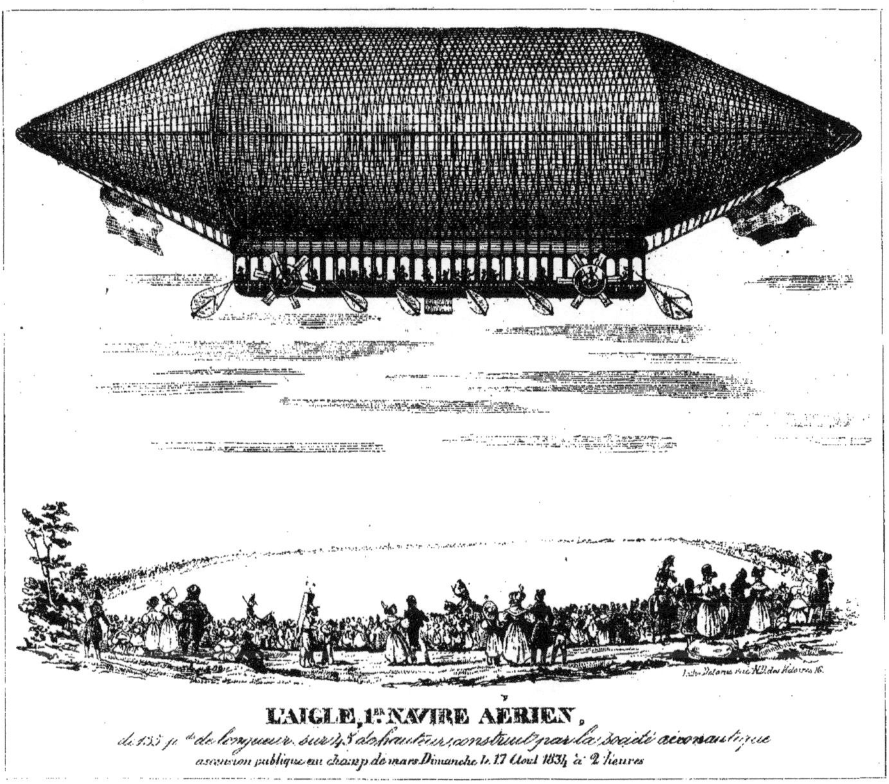

(Collection Louis Bereau.)

Lennox, lui-même, assisté de MM. Guibert, Orsi, Edan et Ph. Laurent. M. Ajasson de Grandsagne devait emporter des instruments de physique pour faire des expériences correspondantes à celles qui devaient être répétées simultanément à l'Observatoire royal, par M. Arago, dans le but de constater plusieurs faits importants de physique.

L'Aigle, d'après les détails mêmes du prospectus lancé par la Société en formation, était enveloppé, en entier, d'un filet et d'échelles de cordes. A l'intérieur, un second ballon ballon (6 500 livres) devait soutenir la nacelle, les mécanismes, les instruments de physique et l'équipage.

Loin de réussir, l'essai fut déplorable. Le ballon ne pouvait même pas se soutenir lui-même. On eut toutes les peines du monde à le transporter, des ateliers de construction où il avait été gonflé, au Champ-de-Mars où il devait s'élever. Bref, il ne put pas partir, si bien que la foule envahit l'enceinte de manœuvre, poussant des cris de fureur, et mit le matériel en pièces. L'éternelle chanson !

Une Caricature allemande sur les voyages aérostatiques de Green

Le grand ballon de Green au pays des Antipodes. — Vienne, aux bureaux du *Theaterzeitung* (1840).

Charles Green, né en 1785, fut un des plus célèbres aéronautes anglais. Il avait fait sa première ascension le 19 juillet 1821, pour le couronnement du roi Georges et à l'époque où fut publié le portrait ci-contre, c'est-à-dire en 1839, comptait à son actif plus de 250 ascensions. Le quart de son œuvre ! — car, tant en Angleterre que sur le continent, il devait arriver au total de plus de 1 000.

Le 16 août 1828, imitant Testu-Brissy, il s'était élevé de Londres, à cheval, sur un poney attaché au cercle de son ballon. Le 12 mai 1831, il avait enlevé dans sa nacelle deux jeunes filles, mesdemoiselles Kennett, et opéra sa descente à deux milles du point de départ. En 1836, il exécuta le plus long voyage qui ait été jamais entrepris en ballon comme chemin parcouru, soit de Londres au duché de Nassau, en Alle-

Portrait de Green, dessiné et gravé par G. P. Harding (Londres, 1839).

magne, traversant ainsi une portion considérable de cinq États de l'Europe : l'Angleterre, la France, la Belgique, la Prusse, le duché de Nassau. Cette expédition mémorable eut lieu le 7 novembre, dans un aérostat de 7 500 mètres cubes, avec deux intrépides voyageurs. Les aéronautes passèrent toute une nuit dans les airs. En 1840, Green avait émis le projet de tenter en ballon la traversée de l'Atlantique — et c'est à ce projet que fait allusion la caricature ici reproduite, — mais il ne fut jamais réalisé. En 1851, il traversa une fois encore la Manche en ballon, accompagné du célèbre duc de Brunswick, celui-là même qui avait perdu sa couronne sous la Révolution. Green, qui mourut fort âgé en 1869, vint à Paris en 1850, et alors, exécuta plusieurs ascensions à l'Hippodrome.

Les Inventions folles aux approches de 1850 : " Le Domitor "

On a vu précédemment que le vicomte T. de la G. (lisez de la Garenne) avait fait, en 1864, une communication à l'Académie des Sciences pour un ballon parachute. Mais antérieurement déjà, ledit s'était occupé d'aérostat et, dès 1852, avait publié une très curieuse plaquette dont nous reproduisons ici la couverture. Estimant avoir trouvé la solution de la navigation aérienne, notre inventeur présentait la portraiture de deux appareils appelés, selon lui, à révolutionner le monde : le *Domitor* « aérostat solidifié avec les soins les plus minutieux, cubant 1 500 mètres, pouvant transporter facilement dans l'air six voyageurs avec voiles mobilisées, et une ouverture verticale », et l'*Aérotère* construit d'après le même système, conservant l'hydrogène pendant un laps de temps indéfini. *La navigation aérienne à la traille*, pour nous servir des termes de M. le vicomte T. de la G.

Certes, il avait la foi, le vicomte T. de la G., car dans son avant-propos il annonçait pompeusement : « *Domitor* planera incessamment à plein ciel sur la capitale et doit, en un tour de promenade à petite brise, évoluer en tous

Couverture de la plaquette publiée en 1852 par le vicomte T. de la G.

Autre aspect du *Domitor*. — Lithographie de H. François.

sens ; oblique à droite, oblique à gauche ; si, comme nous l'espérons, sa manœuvre témoigne de la justesse de nos prévisions, il nous restera à faire à qui de droit la question radicale et à la fois insidieuse : Avons-nous réussi ? » Il avait la foi. Que dis-je ! il était sûr de son affaire. Écoutez-le plutôt : « Tous les efforts tentés jusqu'à ce jour, les rêveries même, plus ou moins ingénieuses, qui ont surgi des imaginations d'élite, de celles des simples érudits consignés dans les divers ouvrages sur la matière ou reproduits par la gravure, sont au nombre d'environ trois mille dont un tiers, au moins, a été breveté dans les différents pays du monde « (c'est beaucoup !). » Avant de nous lancer dans une carrière déjà si vainement battue, nous avons dû acquérir par nos recherches la conviction que notre nouvelle tentative n'avait pas à redouter de concurrence ». Eh bien ! le vicomte T. de la G. se trompait. Comme beaucoup d'autres son aérostat resta sur le papier et *Domitor* ne dompta rien du tout. Pauvre *Domitor* !

Les Ascensions célèbres représentées par l'Estampe de l'époque

Ascension célèbre de M. Sadler, accompagné du capitaine Paget, de la marine anglaise, à Hackney (comté de Middlesex), le 12 août 1811. Sadler qui devait s'élever à Londres, le 1er août 1814, lors des fêtes destinées à célébrer nos désastres, avait exécuté sa première ascension le 5 mai 1784. — (Collection de Sir David Salomons, à Londres.)

Le Ballon dans l'Affiche illustrée (Fêtes, Cafés=Concerts, Ascensions)

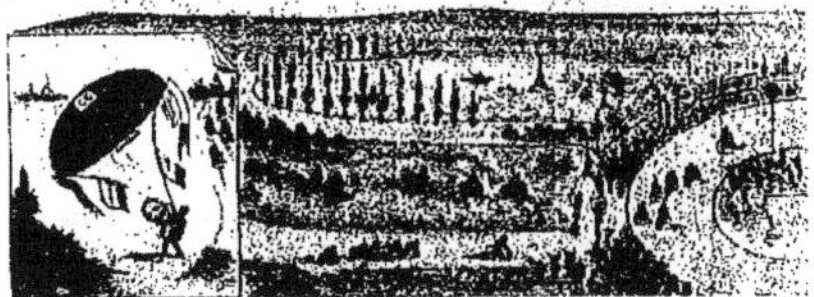

Réductions d'après les affiches originales en couleurs, toutes placardées sur les murs de Paris (XIXe siècle).

Les Ballons de Charles et Robert dans l'Imagerie du XVIIIe siècle

Le retour du globe aérostatique à Paris, le mardi 2 décembre 1783, sur les 5 heures et demie du soir.

Escorté par plusieurs personnes de distinction et aux acclamations (*sic*) du peuple. Cette expérience couvre d'une gloire immortelle M. de Montgolfier et MM. Charles et Robert qui, de concert, travaillent à tirer de cette découverte toute l'utilité dont elle paraît susceptible, de même que M. le Marquis Darlandes et Pilatre du Rozier qui, les premiers, sont montés dans la machine partie du Chât. de la Muette, le 21 nov. 1783. (A Paris, chez Jacques Chéreau.)

Le physicien Charles peut à juste raison passer pour le véritable créateur du ballon moderne : c'est lui, en effet, qui, avec une précision de vue véritablement remarquable, créa, du premier coup, tout le matériel aérostatique, imaginant pour son ascension le filet, la soupape, l'appendice, le lest, se servant du baromètre pour suivre les mouvements verticaux du ballon et d'une ancre pour l'atterrissage. Il ne manquait donc à son ballon que le cercle de suspension et le guiderope.

Le globe aérostatique, dont l'imagerie populaire nous montre de si amusante façon le retour, est le premier aérostat à gaz hydrogène. Il mesurait 9 mètres de diamètre et ce fut lui qui accomplit le second voyage aérien. Les diverses estampes qui reproduisent, avec plus ou moins de fantaisie, l'enlèvement et le départ de la machine, parlent de 600.000 spectateurs, ayant chacun payé un droit d'entrée de 3 livres, venus pour assister au merveilleux spectacle : toutefois, étant donnés la grandeur du Jardin des Tuileries et la population de Paris, à cette époque, il est certainement plus sage d'enlever un zéro et de lire 60.000.

Les Ballons de Charles et Robert dans l'Imagerie du XVIIIe siècle

Cette planche repréfente le départ de Mr. Charles de la prairie de Nesle, après que fon compagnon Mr. Robert avoit quitté la même machine, dans la quelle il l'avoit accompagné depuis les Thuileries. Mr. le Curé de Nesle remet à Mr. Robert le procès-verbal dreffé à ce fujet avant le départ de Mr. Charles.

— D'après un bois populaire de l'époque. Le procès-verbal constatant l'arrivée des aéronautes avait été signé par le duc de Chartres et par le duc de Fitz-James qui, en compagnie d'un gentil-homme anglais, suivaient Charles et Robert depuis Paris.

> Chacun admire ici-bas
> Ces argonautes intrépides,
> Et les coursiers les plus rapides,
> Jusqu'à Nesles suivent leurs pas.

Mais qu'il y ait eu 100.000 personnes au dehors, cela est fort possible si l'on en juge par les multiples images représentant l'assaut du mur de la terrasse du bord de l'eau, le jour de l'Ascension. Entre toutes, il en est une qui est restée populaire et qui, sous le titre de : *Aux amateurs de physique,* montre les femmes s'acharnant des pieds et des mains à l'assaut du dit mur, pour mieux voir le globe de MM. Charles et Robert.

Le ballon passa la Seine entre Saint-Ouen et Asnières, une seconde fois en laissant Argenteuil sur la gauche, puis traversa Sannois, Franconville, Eaubonne, Saint-Leu-Taverny, Villiers, l'Isle-Adam, pour venir atterrir à Nesles.

L'image ci-dessous représente la deuxième ascension du ballon allongé des frères Robert (la première avait eu lieu le 15 juillet, à Saint-Cloud, et fut commémorée en une fort belle estampe reproduite ici même, page 7). D'après les aéronautes cette ascension aurait obtenu le *plus grand succès,* puisqu'ils seraient arrivés à se dévier de 22 degrés de la ligne du vent. Les voyageurs étaient au nombre de trois : les deux frères Robert et leur beau-frère, Collin Hullin. La machine s'éleva à 11 h. 50 et, à midi, disparaissait au delà des brumes de l'horizon. La descente eut lieu à 6 h. 40 minutes, dans l'Artois, au château du prince de Ghistelles.

EXPÉRIENCE DU GLOBE AÉROSTATIQUE DE MM LES FRÈRES ROBERT, au Jardin des Thuileries, le 19 Sept^{bre} 1784 à 11 h. du matin.

(Collection V. Bacon.)

La Ballomanie

Caricatures sur les ascensions de l'aéronaute équestre Poitevin (1850 et suite)

Suite de vignettes de Cham, publiées dans le *Charivari*, à quelques années d'intervalle, et accommodant M. Poitevin à toutes les sauces.

L'aéronaute Poitevin qui avait exécuté, à l'étranger, de nombreux voyages aériens, s'éleva à l'Hippodrome et ailleurs, mais à l'Hippodrome principalement, sur un cheval directement attaché au cercle de l'aérostat, comme Testu-Brissy. En 1851, il monta même en ballon avec une calèche à deux chevaux, accompagné de sa femme et de son domestique. Cham représente ici Poitevin sur un bœuf qu'il fait cuire. C'est une allusion au taureau avec lequel s'enlevait Madame Poitevin figurant ainsi, de fort gracieuse façon, l'enlèvement d'Europe.

Projets de Ballons dirigeables à voiles et à roues, au XVIIIᵉ siècle

un sens de rotation, la toile de la palette de propulsion se repliant dans le mouvement de retour. Le système était muni d'un gouvernail et un ballon-sonde hérissé de pointes métalliques devait recueillir l'électricité atmosphérique.

Ce ballon-sonde devait aussi servir à faire monter ou descendre l'aérostat, en tirant sur sa corde ou en la laissant filer.

Il fut fait de ce projet une « tentative d'essai », laquelle échoua piteusement.

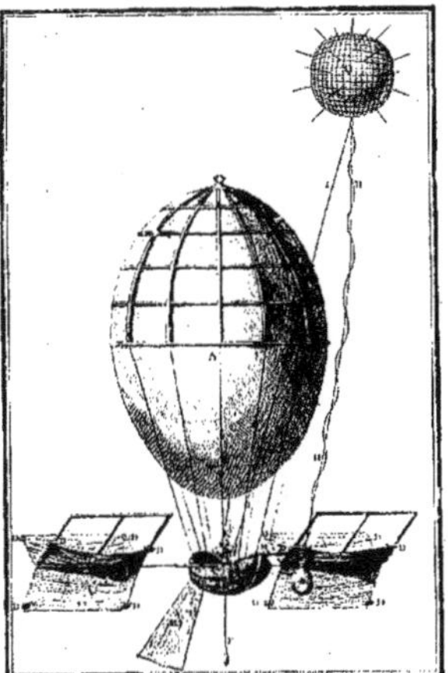

Projet de Carra d'après une gravure de Beaublé.
Frontispice pour la brochure : *Essai sur la Nautique aérienne lu à l'Académie des Sciences de Paris, le 14 janvier 1784.*

1. *Le gros ballon suspensoir.*
B. *La nacelle doublée en liège.*
C. C. *Les ailes tournantes.*
D. D. *Les grosses bagues de plomb qui replient le taffetas des ailes tournantes lorsque ces ailes tournent de bas en haut, et qui les déplient lorsqu'elles tournent de haut en bas.*
E. *Le gouvernail.*
F. *Le loch.*
G. *Le ballon précurseur hérissé de pointes électriques.*
H. H. *La corde entourée du fil de laiton, laquelle est attachée au bout du bâton de la proue de la nacelle.*
J. J. *Autre corde qui part également de l'appendice du ballon précurseur, et vient dans la main du conducteur assis vers la poupe.*
K. *Le conducteur.*
L. *Le sac de cuir rempli d'eau au milieu duquel nage le gâteau de résine et où aboutit le fil de laiton de la corde H. H.*
M. M. *Deux poulies par où l'on file la corde destinée à descendre et à remonter à volonté.*

Projet de ballon de Carra

Le 14 janvier 1784, Carra, un physicien dont le nom fut quelque peu célèbre, présentait à l'Académie des Sciences un mémoire sur la nautique aérienne. Son projet, dont on peut voir l'image ci-dessus, consistait à munir les aérostats sphériques d'ailes tournantes qui n'agiraient que dans

GLOBE AREOSTATIQUE QUE L'ON SE PROPOSE D'ENLEVER

A Globe
B Ajustage.
C Le Robinet.
D Voiles
E Hemisphere.
F Petite Pompe aspirante et Foulante.
G. H. Leviers
I Le lieu du trou par où la Pompe reçoit de l'air
M. Traverses perpendiculaires.

N Point du Levier où doit être attaché une manivelle
O Point du Levier où doit être adapté une manivelle
P Petite Cheville de Fer par où entre et sort à volonté la petite verge
Q Triangle ajusté à l'extremité de la petite verge

(Coll. V. Bacon.)

Projet de ballon resté anonyme
d'après une estampe coloriée de 1785 ou 1786.

Le Ballon dans la petite estampe d'art : Menus, invitations, etc.

Menu (grand format) d'un des fameux dîners du siège
de Paris, en 1870.

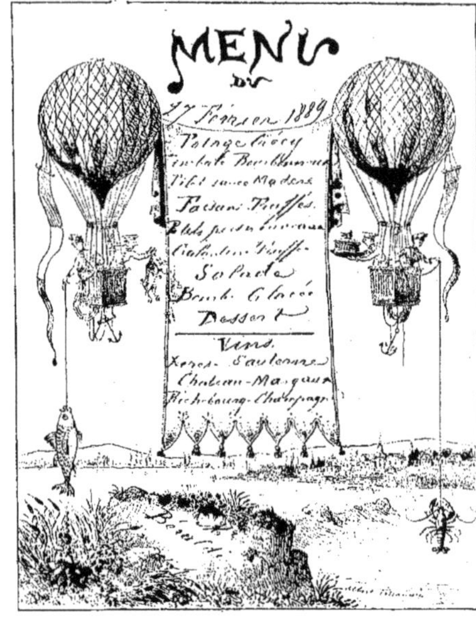

Menu dessiné par Albert Tissandier pour un dîner d'amis.

Invitation à l'enlèvement en ballon de la célèbre Léa d'Asco.

L'aérostation a donné lieu à une imagerie assez nombreuse dans le domaine de ce qu'on a si justement appelé *la petite estampe d'art :* domaine multiple qui va de la carte de visite jusqu'aux cartes-réclame, en passant par les menus, prospectus, invitations à des lancements de ballons et autres feuilles illustrées nées de l'actualité. Sur ces vignettes passagères, qui ne durent même pas l'espace d'un jour, souvent, ce ne sont que festons et astragales ; ce ne sont, aussi, que sphériques, de toutes sortes, de toutes capacités, jusqu'au jour où l'aéroplane, lui aussi, se mettra de la partie et ornera les cartons dont il s'agit de figures plus ou moins géométriques. Et dans les vides des aéroplanes se glisseront facilement d'amusants portraits charge.

Imagerie satirique populaire sur le gonflement des Ballons

Homme volant à l'aide d'air inflammable (XVIIIᵉ siècle)

Cette caricature devait jouir lors de son apparition, en 1783, d'une telle popularité, que la plupart des marchands-imagiers voulurent avoir leur *homme aérostatique*, ainsi nommé parce que, gonflé d'air inflammable, il était censé pouvoir voler dans les airs comme un ballon. *L'homme aérostatique* avec ses multiples histoires, se retrouve, du reste, partout, jusque sur les éventails et les tabatières.

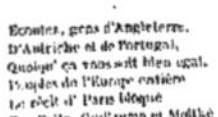

Le Blocus de Paris

COMPLAINTE NATIONALE ET PATRIOTIQUE

Dans un moment où tout le monde paie de sa personne et apporte sa pierre à la défense de Paris, qu'il soit permis à l'auteur de cette complainte de soumettre au gouvernement un projet de désarmement qui serait naturellement fatal à l'ennemi.

On offre de prouver qu'il est au moins aussi sérieux que les projets d'aviation aérienne proposés par l'Académie des sciences. Le principal est de trouver un aimant assez fort. Qu'on le cherche!

L. RICHARD, éditeur, aux Bureaux de la Publication, 19, rue des Martyrs, Paris

Cette sorte de placard-complainte raillait tout particulièrement les projets de navigation aérienne, qui, alors, pleuvaient de toutes parts, œuvre souvent de braves illuminés. — Dans la nacelle du ballon, Rochefort qui, on le sait, s'était intéressé aux questions d'aérostats.

Aéroplanes et dirigeables dans la caricature étrangère

Carnaval à Vienne.

Voici que sévit à nouveau sur Vienne, et comment ! cette épidémie de la danse qui revient chaque année. Chaque nuit, ce sont des bals à la douzaine et à tous prix ! Qu'ils soient du grand monde ou qu'ils soient du petit, cela aboutit toujours à la même conclusion.

Pendant que tout descend des régions éthérées, que fait la *Société de chant viennois !* Elle s'élève adroitement jusqu'aux régions les plus élevées. Cela vaut bien quelques applaudissements car, sûrement, elle n'atteindra pas plus haut ! Et cette folle soirée de carnaval est pour les cœurs enflammés le point culminant de l'année. Tout vole, tout plane dans les airs ! (*Figaro*, de Vienne, caricature de Zasche.)

' Exemple d'image montrant l'emploi du ballon dans les choses de l'intimité.

Les progrès du Temps. (Voir image de droite, en haut.)

Où s'arrêtera la technique? A peine l'Angleterre sent-elle sa situation insulaire menacée par les modernes *vaisseaux de guerre de l'air,* qu'il lui est donné de pouvoir engendrer des coups de vent, des rafales, des trombes gigantesques avec de singulières pinces pour accrocher.

(*Ulk*, de Berlin, juillet 1909.)

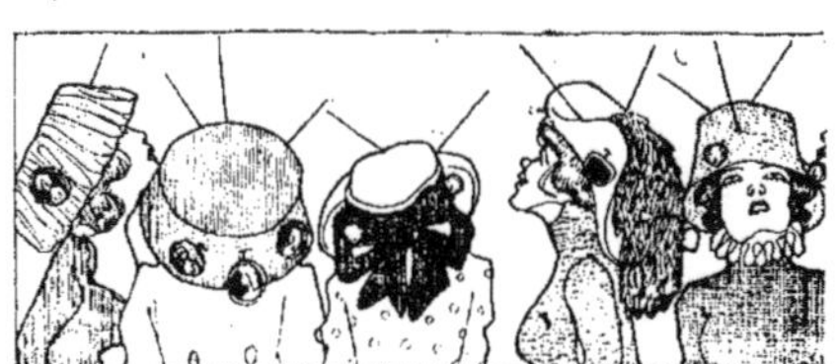

Toutes les épingles en l'air pour voir passer le Zeppelin, à Berlin.

(*Ulk*, de Berlin, 1909.)

L'Avenir du Righi.

La Reine des Monts. — Ceux-là m'affolent comme si des abeilles bourdonnaient autour de ma tête. (*Nebelspalter*, de Zurich, mai 1909).

LA CONQUÊTE DE L'AIR VUE PAR L'IMAGE

Encore un ballon remorqué par des aigles

L'Aérostat de Mme Tessiore (1845)

Quelque ingénieux que soit le procédé, quelque amusante que soit l'image, avec son gypaète harnaché, nouveau cheval des airs prêt à fendre l'espace, l'idée de Mme Tessiore, — laquelle semble avoir tenu tout particulièrement examiné cette solution. Il est vrai que Linguet n'avait pas publié l'image de son projet d'aérostat et que Kaiserer n'avait pas eu soin d'expliquer au public, en lettres visibles pour tous, là où gît la *force ascensionnelle* et là où se trouve,

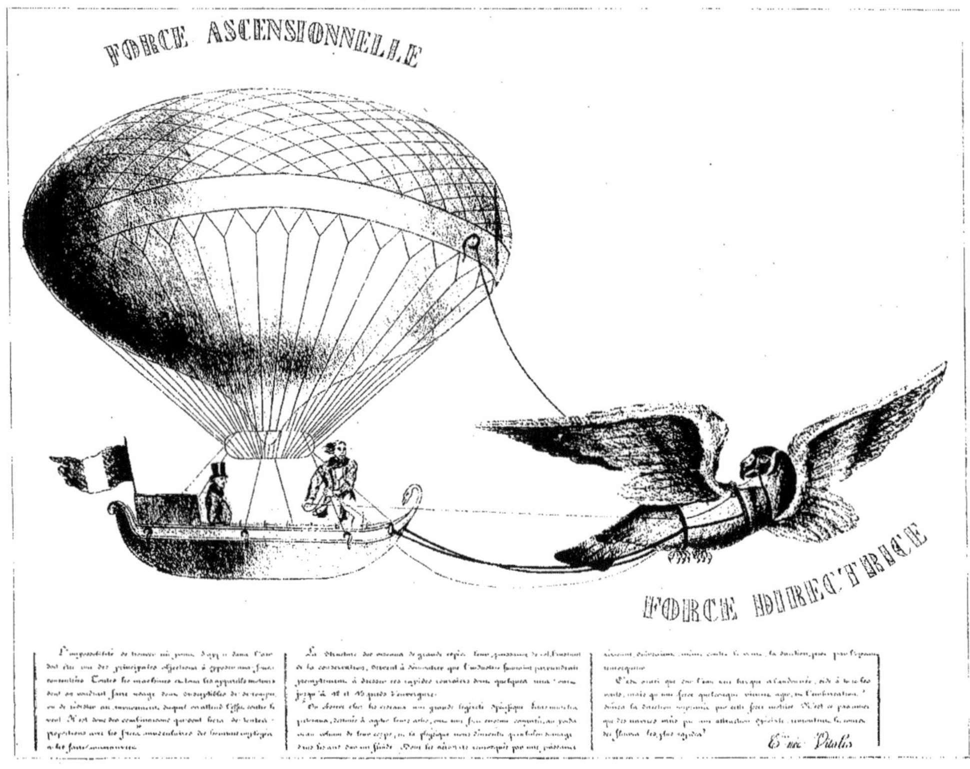

Reproduction du modèle de l'époque, accompagné de son texte explicatif. (Collection Louis Béreau.)

à ce que la postérité n'ignorât pas qu'elle était née Vitalis, — n'était pas, en 1845, une idée absolument nouvelle. Non seulement, ainsi qu'on l'a déjà vu par l'image de la page 10, le Viennois Jacob Kaiserer avait, en 1801, publié son modèle de ballon pouvant être dirigé par des aigles, — lui, en prévoyait deux et ce n'était point des *gypaètes*; — mais même, dès 1783, Linguet, le célèbre publiciste, avait déjà

la *force directrice*. Et puis, il ne faut pas oublier que cette bonne *Mme T., née Vitalis*, était absolument persuadée d'avoir trouvé la solution du problème, et qu'elle se faisait un plaisir de l'annoncer à tous.

O force ascensionnelle! O force directrice! O Gypaète terrible et puissant, cheval de l'air, animal remorqueur digne de l'époque qui rêvait d'omnibus aériens!

Le Ballon dans l'Imagerie populaire : Jeux genre jeu d'oie

Une Expédition aérienne

A. Capendu, éditeur : Paris.

Il faut pour ce jeu 1 plan, 2 dés et des jetons que les joueurs achètent en payant, chacun, 5 jetons à la caisse. On jette les dés à tour de rôle ; celui qui a le plus de points commence le jeu et place sa pièce sur le numéro amené par les dés. Les autres suivent.

Celui qui s'arrête sur un ballon jaune, prend 1 jeton de la caisse, mais celui qui s'arrête sur un ballon rouge paye une amende à la caisse selon les règles suivantes :

Le n° 4 paye 3 jetons pour une tour d'église abîmée par le câble.

— 5 paye 2 jetons à la caisse à cause d'une descente trop subite et pour avoir effarouché un troupeau de bétail.

Le n° 6 paye 1 jeton pour s'être accroché à un arbre.

— 8 paye 2 jetons parce que le câble s'est entortillé.

Le n° 9 paye 3 jetons pour être tombé subitement.

— 11 paye 2 jetons à son voisin de gauche.

— 20 paye 5 jetons parce qu'on l'a sauvé en le tirant de l'eau.

— 23 paye 2 jetons à son voisin de droite.

— 30 paye 3 jetons pour être descendu trop tôt.

— 32 paye 1 jeton à la caisse.

— 33 paye 6 jetons pour le transport du ballon.

— 35 paye 5 jetons parce qu'un cheval s'effarouche et prend le mors aux dents.

Le n° 36 gagne la partie et prend la caisse, dont il cède 1/3 à celui qui tient le numéro le plus proche.

* Les ballons jaunes sont ceux qui portent les numéros 3, 10, 13, 14, 16, 17, 18, 21, 22, 24, 25, 27, 28, 31 et 34.

Dans son original, cette planche est un grand in-folio en largeur. (Collection Émile Deschartres.)

On sait que presque toutes les inventions, toutes les nouveautés, dans les domaines les plus différents, prirent place dans l'imagerie populaire et enfantine dont les jeux, genre jeu d'oie ou jeu de cartes, constituent une section importante. Les ballons ne devaient pas échapper à la loi commune. On peut même dire que, de 1783 à 1790, presque tous les jeux d'oie ou *Ganz-Spiel,* comme ils s'intituleront, suivant leur provenance, suivant leur fabrication, française ou allemande, s'adjoignirent une case nouvelle ; celle du ballon, pour mieux dire du *globe,* ainsi que le porte un jeu de 1784.

Le Grand jeu de l'oie ; le Jeu du soldat; la Loterie parisienne ; autant de jeux sortant des fabriques de Pellerin, à Épinal, se présentent à nous avec la vignette au ballon — et ce dernier se trouve être une des cartes du *Jeu de cartes fantaisiste,* de Becker, à Darmstadt, qui a figuré, en août 1909, à l'*Exposition historique de l'Aérostation et de l'Aviation,* au Grand Palais.

Pétin et son appareil gigantesque qui devait révolutionner le monde

Nouveau système de direction aérienne reposant sur les véritables lois de la locomotion des corps inertes et animés, et sur l'application de ces lois à la locomotion aérienne, par l'emploi de moyens mécaniques ou physiques quelconques, de manière à obtenir deux locomotions alternatives et en sens inverse (l'une en s'appuyant sur les couches supérieures de l'air en s'élevant ; l'autre sur les couches inférieures en s'abaissant, en vertu des lois de la pesanteur).

Je ne crois pas que, jamais, nouveau projet de navigation aérienne se soit présenté sous un titre aussi complexe, aussi explicatif, aussi riche en épithètes, que le fameux projet Pétin, *locomotive-aérostatique,* pour employer le titre que lui donnait son inventeur.

Ce projet qui ne sortit jamais du domaine de la théorie, puisque les expériences tentées, ne réussirent point, fut certainement un de ceux qui agitèrent le plus la presse et le public. M. Reverchon en fait entrevoir les raisons dans le rapport qu'il fut chargé de présenter sur ce système au nom de *l'Académie Nationale, agricole, manufacturière et commerciale,* une Académie qui, créée à la suite de la Révolution de 1848, aspirait, en quelque sorte, à tenir dans les affaires industrielles le rôle de l'Académie française au point de vue de la langue et des lettres.

Les conclusions de ce rapport valent la peine d'être reproduites ici :

« Il manquait à la découverte des mines d'or de la Californie », écrit-il, « un moyen prompt et facile de transport ; le voici trouvé : M. Pétin en fait une question d'heures, et, si les calculs sont exacts, il y transportera d'un seul convoi 2 ou 3 000 personnes, avec un appareil de 2 à 300 000 francs.

« N'avons-nous donc pas raison de dire que s'il

E. PÉTIN

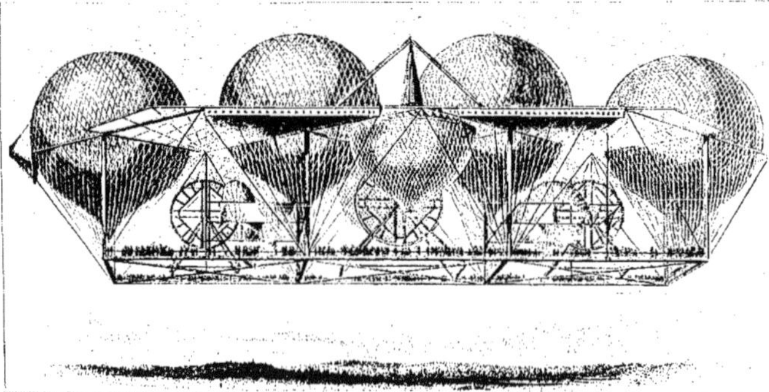

en était ainsi la découverte viendrait juste en son temps et en son lieu ?

«... Qu'on n'oublie pas, qu'une dépense de 1 000 000 francs est nécessaire pour créer le premier navire aérien, qu'il doit avoir des proportions convenables, et que, rarement, les inventeurs possèdent les ressources pécuniaires pour faire éclore leur découverte... Ce chiffre paraît énorme, de prime abord, mais si son invention est de celles dont puisse un jour s'honorer la France, nous ne croyons pas qu'on le regrette.

« S'il y avait une erreur au fond du système de M. Pétin, ce serait un malheur, et, cependant, il en résulterait toujours quelque chose !...Mais, si c'est une vérité ?»

Hélas ! il y avait plus qu'une erreur ; c'était d'un bout à l'autre *une erreur,* bien excusable, du reste, chez le marchand-mercier de la rue de Rambuteau, à l'enseigne *Au franc Picard,* qu'était le brave Pétin, un convaincu, un illuminé de bonne foi et nullement un faiseur.

Il n'en est pas moins vrai qu'une *souscription nationale* fut ouverte en faveur du système Pétin, que le Président de la République s'inscrivit en tête de la liste comme *premier souscripteur ;* Que Dupuis-Delcourt accepta de faire partie du comité provisoire ; Que le navire aérien exposé aux regards de tous, rue Marbeuf, aux Champs-Élysées, vit alors défiler devant lui tout Paris, comme, de nos jours, l'appareil Blériot ; Que Pétin eut les honneurs du feuilleton de Théophile Gautier, dans *La Presse ;* que l'émotion fut considérable lorsque, le 14 septembre 1851, *l'Argus* annonça la première expérience de Pétin au Champ de Mars, tournant déjà en ridicule le chemin de fer, à peine encore sorti des langes de l'enfance.

Et tout cela pour aboutir au plus gigantesque des fours !

Les Femmes et les Ascensions féminines en ballon

Mademoiselle de Montgolfier.
D'après un portrait peint par Ingres (collection A. Goupil).
Planche publiée par la *Gazette des Beaux-Arts*.

Seconde ascension du Physicien Garnerin, avec la Cne Henri, Parc de Mousseaux, 5 Thermidor, An 6.
Planche de la collection : *Costumes parisiens*.

Ascension de Madame Garnerin, le 28 Mars 1802 (Le Goût du Jour, n° 8)
Estampe faisant partie de la suite : *Caricatures Parisiennes*. A Paris, chez Martinet. — (Collection de *l'Aéro-Club de France*.)

G. Tissandier commet ici une erreur, en fixant cette ascension au 25 Messidor. C'est dans cette expérience que Garnerin, après avoir expérimenté à nouveau son parachute, put faire descendre l'aérostat et exécuter une ascension. « La citoyenne Henri, jeune et charmante dame », dit Garnerin, « vint se placer dans le char. Le citoyen Lalande lui donna la main pour monter. Sa contenance ferme et assurée fut admirée du public et m'inspira beaucoup de confiance. Elle refusa de prendre des liqueurs spiritueuses qu'on vint nous offrir. Sa place fut vivement enviée par plusieurs citoyennes. »

Aérostats dirigeables, sphériques et ballons militaires de 1789 à 1800

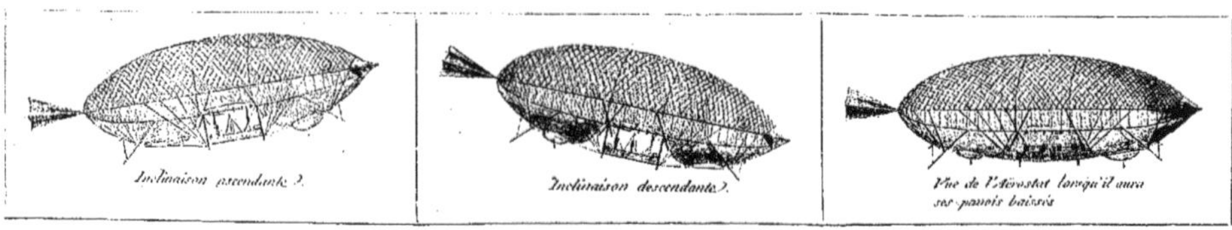

Vignettes servant de planche au volume du baron Scott : *Aérostat dirigeable à volonté* (Paris, 1789).
Ce navire aérien avait, ainsi qu'on peut le voir, un gouvernail à l'arrière et des rames de propulsion pour accroître le mouvement de direction.

Au moment même où les grands événements de la Révolution française allaient attirer et retenir tous les esprits et, par cela même, détourner l'attention publique de tout ce qui touchait au si intéressant problème de la navigation aérienne, un officier distingué, d'esprit ouvert, le baron Scott, capitaine de dragons, se laissait aller à publier le résultat de ses expériences dans le domaine aérostatique, sous la forme d'un ouvrage intitulé : *Aérostat dirigeable à volonté*.

Son aérostat dirigeable à volonté, c'était un *ballon planeur*.

Dans son ouvrage, il insiste tout particulièrement sur la nécessité d'abandonner la forme sphérique, et de recourir à une forme allongée analogue à celle des poissons, celle que l'on peut voir d'après les vignettes ici reproduites. Le navire aérien du baron Scott, formé d'une double enveloppe et muni de deux poches ou vessies natatoires, devait être de très grande dimension. Selon lui, en comprimant l'air dans la poche d'avant ou d'arrière, on pouvait incliner le navire aérien dans un sens ou dans un autre, et lui donner ce qu'il appelait *l'inclinaison ascendante* ou *l'inclinaison descendante*.

Le ballon ci-contre, de forme ovoïdale, avait 9ᵐ,80 de diamètre. La nacelle se compose d'un fond en planches et d'un bâti recouvert d'une forte toile, de couleur bleue : 1ᵐ,05 de hauteur sur 0ᵐ,57 de largeur aux extrémités.

Expérience faite aux Champs-Élysées, le 18 septembre 1791, pour la Proclamation de la Constitution
Dédié à la Municipalité de Paris par l'auteur B. L. Sᵗ Cr.
(Collection du lieutenant-colonel Chéré.)

Ballon militaire français (probablement l'*Hercule*) capturé par les Autrichiens à Wurzbourg, le 3 septembre 1796, et conservé au K. K. Heeresmuseum, à Vienne (Musée de l'Armée).

D'après la photographie exécutée par le Dʳ John, conservateur du Musée, et communiquée à M. le lieutenant-colonel Chéré. Elle se trouve reproduite dans une très intéressante plaquette du commandant Cazalas.

Les Dirigeables à hélice, de forme oblongue : Le Dupuy de Lôme

On sait qu'après nos premiers désastres, en 1870, le savant Dupuy de Lôme avait accepté de faire partie du Comité de la Défense Nationale et que, pendant le siège de Paris, il présenta à l'Académie des Sciences un projet de ballon dirigeable pour l'exécution duquel le gouvernement lui ouvrit un crédit de 40 000 francs. Mais, vu les difficultés de sa con-

L'Aérostat dirigeable de M. Dupuy de Lôme (la nacelle). Dessin de M. Rickebusch.

ambiant au moyen de l'hélice mue par huit hommes : 10 1/4 kilomètres par 27 1/2 tours d'hélice par minute ;

5° Rapport de la vitesse propre de l'aérostat au produit du pas de l'hélice par son nombre de tours : 76 pour 100 ;

6° Travail développé en moyenne par les huit hommes : 60 kilogrammètr.

Dans son intéressant volume, La *Navigation aérienne*, M. J.

struction, cet aérostat ne fut prêt que quelques jours avant la capitulation et ne put être expérimenté que deux ans plus tard.

« Cet aérostat », nous dit Gaston Tissandier, « cubait 3 400 mètres, sa longueur de pointe en pointe était de 46 mètres, son diamètre était de 14m84. Gonflé d'hydrogène pur, il avait une force ascensionnelle considérable et pouvait enlever huit hommes de manœuvre destinés à faire mouvoir l'hélice de propulsion laquelle n'avait pas moins de 9 mètres de diamètre. Un gouvernail formé d'une voile triangulaire était à l'arrière.

L'expérience de ce grand navire aérien, — dont les vignettes ici reproduites, d'après les journaux illustrés de l'époque, donnent la vue d'ensemble et les détails, — eut lieu le 2 février 1872, dans le fort de Vincennes, dirigée par M. Dupuy de Lôme, accompagné de M. Zédé, officier de marine, de M. Yon, aéronaute, et de huit hommes de manœuvre. L'aérostat s'éleva assez rapidement, et la descente eut lieu très favorablement au delà de Mondécourt, à 10 kilomètres dans l'Est, 17 degrés Nord de Noyon.

D'après l'inventeur, lui-même, cette ascension permit d'arriver aux conclusions suivantes :

1° Stabilité assurée malgré la forme oblongue, grâce au système du filet de la lancerie ;

2° Maintien de la forme au moyen du ballonnet à air ;

3° Faculté de maintenir le cap dans une direction voulue, quand l'hélice fonctionne, malgré quelques embardées dues en grande partie à l'inexpérience du timonier ;

4° Vitesse déjà importante imprimée à l'aérostat par rapport à l'air

Lecornu nous dit que le projet du célèbre académicien n'avait pas rencontré un accueil très enthousiaste de la part des gens compétents. On avait surtout reproché à Dupuy de Lôme de n'avoir tenu aucun compte des travaux antérieurs et, notamment, de méconnaître à ce point les belles expériences de Giffard que, vingt ans après l'ascension célèbre du premier aérostat à vapeur, il comptait obtenir la direction d'un aérostat avec la seule force humaine appliquée à la mise en mouvement d'une hélice.

Mais Dupuy de Lôme avait si bien compris cette objection que dans sa brochure : *Aérostat à hélice*, 1872, il propose, lui-même, le remplacement de ses huit hommes de manœuvre par un moteur mécanique.

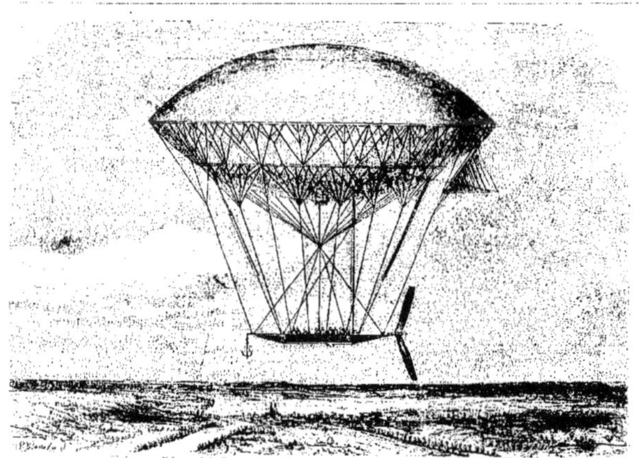

Aérostat dirigeable de M. Dupuy de Lôme (Ascension du 2 février 1872).
D'après une gravure du *Monde illustré*.

Le Ballon dans la Mode : Costumes réels et Caricatures

LA COQUETTE PHISICIENNE

(Collection Geoffroy frères.)

Pendant de *la Coquette Phisicienne*
(XVIIIᵉ siècle.)

Chapeau en Ballon (Consulat).

Les sphériques, les aérostats, les globes qui firent tant parler d'eux, qui donnèrent lieu à tant de créations intéressantes, dans le domaine des arts et de la curiosité, exercèrent-ils, réellement, une influence sur la mode, sur le vêtement et sur la coiffure, surtout ? C'est là une question, qui fut souvent posée, et à laquelle il est très facile de répondre à l'aide de documents exacts, précis, qui se trouvent être, ici, les gravures de modes. *La Coquette phisicienne* — respectons son orthographe — n'est pas une fantaisie quelconque, ayant pris naissance, sans rime ni raison, dans le cerveau d'un artiste. C'est la réponse aux robes à paniers, formant *globes* sur les côtés, et aux manches à parties bouffantes, gonflées comme par un gaz ! D'autre part, le célèbre recueil de *coëffures* dessiné par Desrais nous donne un chapeau *en globe* dont celui de la *coquette phisicienne* n'est, après tout, que la caricature directe. Et, aux côtés de la satire crayonnée, le *Chapeau en ballon* porté par l'élégant du Directoire nous apporte un document caractéristique pour les modes d'homme.

Quelques Estampes sur le Parachute : Allégories et réalité

The Parachute. (Fin XVIIIe siècle.)

Image donnant le petit parachute avec lequel s'amusaient les enfants.
Gravure anglaise, au pointillé, imprimée en bistre et à la sanguine.

Aérostat avec parachute construit par Degen.

Il était suspendu à son ballon par une ceinture de cuir. Des pieds et
des mains il faisait mouvoir des ailes à forme de parachutes.

Le Parachute. — Lithographie de Swinger (Restauration).

Portrait de Garnerin. — Gravé à Londres vers 1805.

(Collection Ch. Dollfus.)

Les Aérostats durant les guerres de la première République

Aérostat captif de Coutelle, devant Mayence assiégée, en 1795.

D'après l'aquarelle originale de Conté, chef du service central, au *petit Meudon*. (Collection du Ministère de la Guerre.)

Physicien distingué, Coutelle avait été chargé par la Convention d'étudier la fabrication du gaz. Ce fut Monge, on le sait, qui, au commencement de 1793, proposa d'utiliser les ballons comme machines de guerre, et c'est le 2 avril 1794, que la « compagnie d'aérostiers militaires » fut instituée par le Comité de Salut Public.

Les Incidents tragiques de l'histoire des Ballons
Une montgolfière brûlée avant d'avoir pu s'élever

Embrasement déplorable de la machine aérostatique des Sieurs Miolan et Janinet, le dimanche 14 juillet 1784.

Au dessous de cette amusante imagerie populaire se lit la longue légende suivante dont nous croyons devoir respecter soigneusement l'orthographe.

« L'expérience qui devait avoir lieu ce jour-là avait attirés aux (*sic*) Luxembourg et aux environs, une multitude innombrables (*sic*) de spectateur (*sic*) : après plusieurs tentatives inutiles pour élever leur machine, le feu y a pris. Les spectateurs impatients ont murmuré hautement, la populace est entrée malgré la Garde et a détruit, brûlés (*sic*), saccagé, tout ce qui s'est trouvés (*sic*) sous leurs mains. »

(A Paris, chez J. Chéreau).

La montgolfière, soi-disant dirigeable, de Miolan et Janinet, consistait en un grand

Janinet.
D'après une aquatinte originale provenant de la collection Soulavie et appartenant à M. A. Jarry.

écran en forme de queue de poisson que les aéronautes devaient actionner dans la nacelle à la façon d'une godille.

Deux petits ballons-sonde devaient s'élever l'un au-dessus, l'autre au-dessous de la montgolfière.

Les aéronautes furent accusés d'avoir mis le feu volontairement à leur ballon, pour se dispenser de s'élever, et pour voler la recette, le chiffre des entrées ayant été considérable.

Janinet, constructeur, avec Miolan, de la montgolfière, était le célèbre graveur en couleurs dont les pièces sont, aujourd'hui, si recherchées des amateurs.

ILS FONT CE QU'ILS PEUVENT
Air *Ou allez vous M. l'Abbé &c.*

1.ᵉʳ Couplet
C'est au Luxembourg aujourd'hui
Ou tout Paris s'est réuni,
Pour voir l'expériance
Eh bien?
D'un Globe de Conséquance,
Vous m'entendez bien

2.ᵉ
Chacun avec empressemant,
Se bat pour donner son argent,
Pour voir cette merveille
Eh bien?
Qui n'eut pas sa pareille
Vous m'entendez bien.

3.ᵉ
On a vu dans cette assemblée,
Même une tete Couronnée;
Désirant beaucoup voir
Eh bien?
Nos voyageurs en l'air
Vous m'entendez bien.

4.ᵉ
On fut quatre heures à regarder,
Si ce Globe va s'enlever;
Mais quelle chose etrange
Eh bien?
En fumée il se change
Vous m'entendez bien.

5.ᵉ
Cette Abbé qui fit tant de bruit,
En ce jour perd tout son credit,
En sortant de sa sphere
Eh bien?
Il est maudit sur terre
Vous m'entendez bien.

6.ᵉ
Oui dà mon très cher Miollant,
Ce coup est très deshonnorant;
Pour un homme de cœur
Eh bien?
C'est le plus grand malheur
Vous m'entendez bien.

7.ᵉ
Hélas! mon pauvre Janinet,
Comme assosié de ce projet,
Que tu fit sans malice,
Eh bien?
Tu suivra ton Complice.
Vous m'entendez bien.

8.ᵉ
Faites le tour de l'Univers,
Plutôt à pied que dans les Airs,
Avec votre casette
Eh bien?
Qui contiens la recette
Vous m'entendez bien

9.ᵉ
Monsieur Darlande assuremant,
En vain s'est donné du tourmant,
On l'à vû tous les jours
Eh bien?
Leur prêter ses secours
Vous m'entendez bien

10.ᵉ
Si donc Messieurs les Phisiciens,
Veullent faire de Voyages Aëriens;
Qu'ils imitent les Roberts
Eh bien?
Qui sont les Rois des Airs
Vous m'entendez bien.
Par Boncault......

Fac-similé d'une des nombreuses chansons publiées et colportées contre Janinet et l'abbé Miolan. L'original, de petit format, est sur 4 pages.

(Collection A. Jarry.)

Les satires crayonnées du XVIIIᵉ siècle contre les infortunés physiciens

Les caricatures ici reproduites visent : — la première, encore le fameux *Vaisseau volant*, de Blanchard, que les populations mises en goût devaient attendre, des mois durant; — la seconde, les deux infortunés physiciens, l'abbé Miolan et Janinet, inventeurs de la montgolfière soi-disant dirigeable, dont l'estampe ci-contre rappelle de dramatique façon la fin malheureuse.

Triomphalement traînés par des baudets et conduits

Dans cette illustre Académie,
Où vous devez être reçus,
Que vous allez porter envie,
À vos confrères biscornus.
Quoique la Cabale croasse,
Laissez la Paille en vos greniers;
Montmartre est pour vous le Parnasse,
Et les chardons sont vos lauriers.

(Coll. V. Bacon.)

à l'*Académie de Montmartre* qui déjà, bien avant le gentilhomme du *Chat noir*, jouissait d'une réputation sérieusement établie, reçus à la colline des Moulins-à-Vent par une assemblée solennelle de dindons et d'oies, l'abbé Miolan est tout naturellement représenté sous la forme d'un chat orné d'un rabat, alors que Janinet se montre à nous sous la forme d'un baudet tenant en main une image, insigne de son métier de graveur.

Aéroplanes et dirigeables dans la caricature politique étrangère

Sport international. — L'aéroplane de la Triplice.

(*Pasquino,* de Turin, juin 1909.)

Sur l'aéroplane même, François-Joseph faisant la cour à maman Germania alors que l'Italie, facilement reconnaissable à sa couronne murale, se hisse péniblement à la corde.

Le retour au pays.

Kuyper [1] *à Mathilde.* (Sur monoplan Blériot.)

Je suis vraiment curieux de voir comment ils vont vous recevoir, mes bons *députats* [2]! Naturellement, avec des chants de louange et le concours de la Fanfare.

(*Uilenspiegel,* de Rotterdam, août 1909.)

1. Ancien président du Conseil des Ministres, en Hollande.
2. Les *députats* — qu'il ne faudrait point prendre pour des députés, au vrai sens du mot — sont les élus des confréries ou associations réformées genre Kuyper, c'est-à-dire protestants-cléricaux.

Ultima Ratio pour les ballons dirigeables en Russie.

— « Nous planons au dessus de la Russie, j'entends siffler les balles. »
— « Laissez tout doucement s'échapper du *lest* de *schnaps* (alcool.) »
(*Jugend,* de Munich, 1909.)
Caricature de Karl Arnold.

* Et sur les petits tonneaux qui tiennent lieu, en effet, de sacs de lest on lit : *Slivowiz ; — Wutki ; — Gilka.*

Image faisant allusion à certains incidents qui se produisirent en Russie, lors du passage de ballons allemands. Les autorités avaient fait tirer sur eux.

Armements nationaux.

[Extrait de comptes rendus de journaux, dans cent ans.]

« Ce fut un spectacle vraiment superbe, quand le chef suprême de toutes les armées, sur son appareil volant, plana devant le front de ses vaisseaux maritimes et de ses vaisseaux aériens. »

(*Ulk,* de Berlin, juin 1909.)

L'Actualité : Des expériences de vol plané (appareil Archdeacon), 1904
au Blériot à moteur, traverseur de la Manche en 1909

Les premiers essais de vol plané (appareil Ernest Archdeacon) d'après Lilienthal, Chanute et Wright, avec la collaboration de Gabriel Voisin et de Ferber, à Berck-sur-Mer (1904). Photographies prises sur les lieux et représentant les *volateurs* dans différentes positions. On n'ignore pas que ce sont ces essais qui ont conduit les frères Voisin aux biplans bien équilibrés de Farman et Delagrange.

L'Actualité : Des expériences de vol plané (appareil Archdeacon), 1904
au Blériot à moteur, traverseur de la Manche en 1909

Les premiers essais de vol plané (appareil Ernest Archdeacon) avec la collaboration de Gabriel Voisin et de Ferber, à Berck-sur-Mer (1904).

Le « Blériot », après sa traversée de la Manche, exposé devant la façade du *Matin*, d'après un instantané obligeamment communiqué par ce journal. (Septembre 1909.)

L'Actualité : Un littérateur ailé en machine volante, Gabriel d'Annunzio
au Circuit de Brescia (Septembre 1909)

Au circuit de Brescia, G. d'Annunzio et Madame Blériot.

Gabriel d'Annunzio exécutant son premier vol avec l'aviateur américain Glen Curtiss. D'après des photographies de l'*Illustrazione Italiana* de Milan, reproduites avec l'autorisation des éditeurs, Fratelli Trèves.

Sur les hauteurs de l'Olympe.

DANTE. — Maître, qu'est ce point noir sur l'espace ?
VIRGILE. — Le poète Gabriel qui, ne se fiant plus à son bon Pégase, veut accéder à l'Olympe... en monoplan (*Fischietto*, de Turin, 19 septembre 1909).

La Conquête de l'Air.

Un poète très moderne.

« Pégase II », l'aéroplane sur lequel Gabriel le Magnifique exécutera pour un oui ou pour non, son prochain vol... pindarique (*La Luna*, de Turin, 23 septembre 1909).

Le tout nouvel archange Gabriel.

Plus aucun de mes ennemis, même parmi les plus acharnés, ne pourra nier, maintenant, que mes paroles ne soient... *ailées*. (*Il Fischietto*, de Turin, 21 septembre 1909).

L'auteur des *Odes navales* se préparant, sans doute, à dédier au navire aérien une ode *vraiment ailée*.
Vignette de Biagio (*Illustrazione Italiana*, de Milan, 19 septembre).

Gabriel d'Annunzio montant en aéroplane, le fait en lui-même est assez secondaire, mais en Italie, ce fut un événement *di primo cartello* pour les caricaturistes tout particulièrement.

La Conquête de l'Air.

Poisson Aérostatique enlevé à Plazentia, Ville d'Espagne située au milieu des Montagnes, et dirigé par Dom Joseph Patinho, jusqu'à la ville de Coria, au bord de la Rivière d'Arragon, éloigné de 12 lieues de Plazentia, le 10 mars 1784

Fête du Sacre et Couronnement de leurs Majestés Impériales le 25 Frimaire An XIII

Ascension de 5 ballons. Il s'agit ici *d'un ballon perdu*, c'est-à-dire d'une machine aérostatique s'élevant seule, et se dirigeant au gré des vents. Ce ballon enlevé le soir, place de la Concorde, sur le piédestal élevé, au milieu, par les soins de Jacques Garnerin emportait dans les airs une couronne impériale illuminée en verres de couleurs. Il fut porté miraculeusement de Paris à Rome et vint échouer, le lendemain, dans la campagne romaine.

(D'après une épreuve de la collection Ch. Dollfus.)

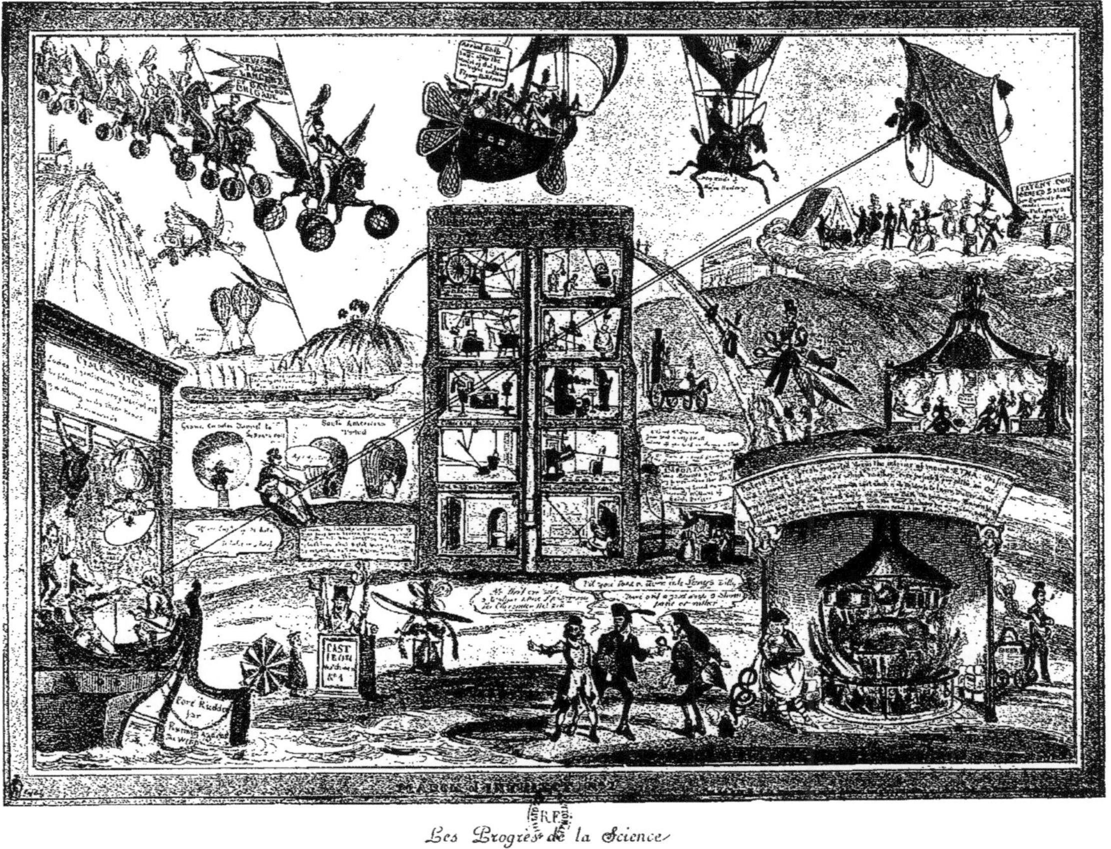

Les Progrès de la Science

Estampe faisant partie d'une suite de pièces publiées en 1825 à Londres. Dans cette marche vers le progrès de l'intelligence humaine, l'aérostation a sa grande part : on voit, dans les airs, les *lanciers de Pégase* faisant partie de la « brigade des ballons », le vaisseau aérien enlevant les amoureux et le cavalier suivant la nouvelle mode. Les bateaux, eux-mêmes, ont des ballons pour pouvoir s'enlever.

(Collection de Sir David Salomons, à Londres.)

Les Figures aérostatiques doublées de pièces d'artifice

Figure Aérostatique partit (sic) des Remparts de Berne, le 3 juin 1790

Dessiné et gravé par J. J. Loutz, peintre.

Cette figure aérostatique, de 6 pieds 8 pouces de longueur, sur 9 pieds 6 pouces de hauteur, dont il existe des planches indiquant les transformations, avait été construite par les frères Enslen, de Berne. Elle se transformait, notamment, dans les airs en un Mercure ailé porté sur des nuages (le corps du cheval) et tenant une lettre en main.

Jean Jakob Loutz, ou Lutz, peintre bernois est un artiste connu pour ses planches coloriées et gouachées (1753-1791).

(Collection Ch. Dollfus).

Une expérience historique vue par l'image de l'époque

La gravure représente le parachûte se déployant. — Ce premier essai devait être répété bien des fois par Garnerin, au Champ de Mars, devant des foules toujours avides de cet émouvant spectacle.

Premier voyage aérien effectué en Angleterre (1784).

La nacelle d'un aérostat au XVIII° siècle.

La nacelle de l'aérostat, d'après une peinture de Rigaud, avec les deux personnages qui devaient accompagner l'aéronaute
c'est-à-dire le chevalier Lunardi (la belle madame Sage et le chevalier Biggin). Mais le ballon n'ayant pas de force suffisante pour les
emmener tous les trois, Lunardi s'éleva seul, le 18 septembre, à deux heures, ayant avec lui un pigeon, un chat et un chien.
(Collection Léo Delteil).

L'OMNIBUS AÉRIEN

Théorie nouvelle de la navigation aérienne.

Dévoilée par Mlle FLORE aux Variétés

PAROLES DE M.
E. BOURGET & **J. NARGEOT**
MUSIQUE DE M.
A Paris chez l'Éditeur **Alex^{dre} Brullé**, G^{ie} Galerie des Panoramas.

Cette chanson, qui obtint un grand succès aux Variétés en 1850, était une satire
dirigée contre *l'Omnibus-ballon* de M. Pétin.

L'OMNIBUS AÉRIEN

THÉORIE NOUVELLE DE LA NAVIGATION AÉRIENNE

Paroles de Mr E. BOURGET — — Musique de Mr J. NARGEOT

PRIX 2.f

(Parlé) Un pur petit moineau franc!... mais, avant tout, faut que j'vous dise comment il se fait que moi, simple portière de la maison je soye instruite de la chose.... dont je vous prie de ne jamais parler. Car[*] c'est l'inventeur lui-même qui m'a interdit l'usage de ne jamais en ouvrir la bouche à quiconque,............ ....vu qu'il est certain, grâce aux épreuves qu'il a pu faire secrètement, de la réussite de son entreprise........» qu'il vous suffise de savoir pour l'instant que la machine à voiles... est *dévoilée*, Car

J'ai tout vu, &

2ᵉ COUPLET.

(Parlé) D'autant plusse, voyez-vous, que le bruit s'était déjà, répandu dans le quartier, que l'on avait découvert récemment une machine que l'on voulait *taire*, et qui allait *par l'air!* On parlait d'une mécanique à voiles, d'un ballon à vapeur, qui devait vous transporter à CONSTANTINOPLE! plus vîte qu'un chemin de fer, et sans *ses rails!* Vous comprenez que ça m'*transportait, je n'y tenais plus!* ça m'*enlevait!!!..* Si bien qu'avant-z-hier, à minuit juste, je m'risquel!.. je me faufile tout doucement au fin fond de la cour, où se trouve le local en question.. je guette la sortie de mon cachottier d'inventeur, je me glisse dans son *rateller,* et une fois là, à la faveur de la plus profonde obscurité, j'ai tout vu! tout découvert!.. j'ai d'abord commencé, par distinguer six grandes malles... ce qui m'a fait supposer tout de suite qu'il employait le système *des six malles....* mais ce n'est pas tout!. .v'la que j'aperçois, tout dressé devant moi, un énorme fourgon ailé et à vapeur, sur lequel on lisait: ENTREPRISE UNIVERSELLE DES OMNIBUS AÉRIENS! TOUR DU MONDE EN 48 HEURES, WAGON GARNI, TRAJET DIRECT... Eh! ben!. vous me croirez si vous voulez, je ne sais pas, *si,* à LONDON, l'appareil de Mʳ HANNETON *role, role...* mieux que celui là mais, à coup sûr, je soutiens que le ballon que j'ai vu! n'a jamais pu être l'œuvre d'un *Cerveau lent!* Car....

J'ai tout vu, &

3ᵉ COUPLET.

(Parlé) Là dessus... il m'a fait jurer sur mes propres cendres de n'en jamais parler à personne... aussi... *(Jeu de scène)....* Et cependant si vous me promettiez un silence aussi profond que.... le Puits de Grenelle je vous devoilerais. tout tout tout. C'est qu'il n'y a pas à dire.... C'est simple comme bonjour. Un enfant de n'importe quel sexe, âgé de dix minutes comprendrait parfaitement.. D'autant plus que l'inventeur me fait l'effet d'avoir puisé sa découverte dans le simple alphabet.... Il ne s'agit, selon moi, que de connaitre ses lettres.... D'ailleurs, suivez son raisonnement si vous voulez vous en servir: Vous avez deux machines, n'est-ce pas? la machine du ballon **A**. et la machine à vapeur **B**. Ces deux machines vous mettent en présence la force **O** ..... bouillante, qui est la votre, et la force **R**. que vous voulez combattre... Quest-ce que vous faites, alors, hein? vous doublez la pression **A. J. T.**[1] qui finit par **C. D.**[2] et imprime un mouvement dans le sens de **O. B. I. C**[3] La machine obéit et vous enlevez l'ballon!.. au moyen du levier **S**[4] *en ciel...* il ne vous reste plus qu'à maintenir la machine à une hauteur voulue, car, si vous l'élevez trop, vous vous trouvez dans une atmosphère par trop humide.... Et alors... oh alors... *on sent des gouttes!......*

---

[1] *Ajitée* [2] *Céder* [3] *Obéissez* [4] *Essentiel*

À partir du signe (±) la phrase doit être dite tout d'une haleine et très vite.

A B

Tout ce qui a des ailes vole. L'aigle vole. Le coq vole. Mais la baleine, elle, ne peut que nager. (*Kikeriki*, de Vienne, 8 août.)

Le Nouveau Tobie.

Grâce à l'œuvre d'un *volatile* français nommé Blériot, les yeux de John Bull se sont subitement ouverts. Et il commence à s'apercevoir que l'Angleterre n'est plus une île à laquelle on ne peut arriver que par mer en traversant une formidable barrière de navires. (*Fischietto*, de Turin, 31 juillet.)

Blériot vole vers l'Angleterre.
Napoléon. — Sapristi! Pourquoi pas cent ans plus tôt!
Caricature de Johann Braakensiek. (*Weekblad voor Nederland,*
d'Amsterdam, 1ᵉʳ août 1909.)

Gare! gare! gare!
Voici qu'arrive l'oiseau des marécages, le *Scare-oh-plane*
(jeu de mots dans le sens d'épouvantail)
(*The Sketch* de Londres, 4 août).

La Victoire ailée.
Avec les meilleurs compliments de *M. Punch* à la France
et à Louis Blériot (25 juillet 1909).

**Le seul salut pour l'Angleterre, ou le roi Édouard,
le preneur d'oiseaux.**
(*Kikeriki,* de Vienne, 5 août).

**Louis Blériot, qui, le premier, a volé
au-dessus de la Manche.**

(*The Throne and Country*, de Londres, 7 août.)

Où allons-nous? À Blériot décoré
pour vol. Caricature de Pierre Legrain
(Le *Témoin*, 7 août).

La France vole… les inventeurs italiens.
(*Pasquino*, de Turin, 8 août.)
Cette légende est en français dans l'original.

Le nouvel Hymne anglais : Dieu protège la Manche! (*Pasquino*, de Turin, août).

A l'époque de l'âge du Vol. Une course d'aréoplanes : possibilité d'un avenir prochain. (*The Sketch*, de Londres, 4 août.)

Après le Vol de Blériot. Comment l'Angleterre se défendra d'une invasion aérienne. (*Pasquino*, de Turin, 1 août.)

Les Maîtres de l'Air.

Zeppelin. — « Cher Blériot ! Douvres, c'est très bien, mais venez donc un peu, mon petit, jusqu'à Bitterfeld. »   (*Lustige Blätter*, de Berlin, 1909.)

Zeppelin !! Zeppelin !!

— Déjà les trombones de la Garde du corps défilent, afin d'éloigner l'aérostat des alentours dangereux du peuplier impérial.   (*Ulk*, de Berlin, août 1909.)

Tout ce qu'il y a de plus haut dans l'aviation.

Lui. — Je ne veux pas faire concurrence à mon peuple ; sans cela j'enfourcherais mon aigle *hohenzollernien* et je battrais de loin tous les records.   (*Kikeriki*, de Vienne, 1909.)

Un projet d'aviation.
(Nouveau rêve de Guillaume)

— Entrevue aérienne, de nature amoureuse, avec la soupirante Marianne.   (*Pasquino*, de Turin, 1909.)

Le Zeppelin arrive!

Composition de M. A. Wellner. (*Lustige Blätter*, de Berlin, 1909.)

*Le Zeppelin faisant son apparition au pôle Nord où il est reçu par les ours (dont le chef est revêtu du casque prussien : on sait que l'ours figure dans les armoiries de Berlin), par les pingouins et les morses.

Le *Zeppelin* a, en quelque sorte, remplacé le lion dans la caricature allemande qui, autrefois, se complaisait à représenter sous toutes les formes l'arrivée du roi des animaux. Ce n'est plus *le lion arrive!* mais bien *le Zeppelin arrive!*

Zeppelin et Blériot.

Lutte de classe dans les hautes sphères.

Caricature de Tjerk Bottema. (*Le Notenkraker*, d'Amsterdam, 1909.)

*L'idée de cette caricature est assez originale, le dessinateur ayant voulu, ainsi, mettre en présence l'énorme Zeppelin, qui est censé figurer les classes dirigeantes, alors que Blériot, sur son petit appareil, représente la démocratie.

La Conquête de l'Air.

Attrape-glu pour les machines volantes.

Le plus sûr protecteur contre l'invasion. Patenté en Angleterre.

Composition de P. Graetz. (*Der Floh*, de Vienne.)

Les sept Souabes s'opposant à la traversée de leur frontière.

(*Nebelspalter*, de Zurich, 14 août 1909.)

Image visant la Société qui s'est donné pour mission d'empêcher les ballons allemands de traverser la frontière française.

Le summum des honneurs.

« Zeppelin arrive !... En garde !... Présentez armes ! »
Caricature de G. Brandt. (*Kladderadatsch*, de Berlin, 29 août 1909.)

* Les statues auxquelles l'Empereur fait présenter armes sont les statues des Grands Électeurs, ces ancêtres batailleurs des rois de Prusse, qui sont en bordure de la *Siegesallée*, à Berlin.

Les dites statues, sans cesse employées par les caricaturistes, qui les mettent à toutes sauces, jouent un rôle assez considérable dans l'imagerie consacrée au Zeppelin.

Forme que devrait revêtir, par suite du rôle même qu'il est appelé à jouer, le dirigeable *Zeppelin*. (*Kikeriki*, de Vienne, août 1909.)
* Le personnage perché sur l'écriteau « Berlin » est l'Empereur Guillaume.

Le système rigide.

Tout Berlin a vu Zeppelin — à l'exception des quelques personnes qui avaient justement les places les meilleures pour... voir.
Caricature de Wilhelm Schulz. (*Simplicissimus*, de Munich, 12 septembre 1909.)
Allusion aux diverses mesures d'ordre fort *rigides* prises pour l'arrivée du *Zeppelin* et à la *rigidité* du ballon.

Willi souffle comme si c'était LUI qui avait construit le « Zeppelin ». (*Kikeriki*, 12 septembre 1909.)

La conquête de l'air par tous les dirigeables possibles
(*Kikeriki*, de Vienne, 1909.)

Le Yacht de plaisance de Sa Majesté « Le Hohenzollern ». Avec la devise « *Suum Cuique* ».
D'après le projet du *Ulk*, de Berlin. — Sur la porte on lit : *lettres par pigeons-dépêches.*

Durant la descente du « Z » nᵒ III, à Bülzig.
« Un petit nombre de soldats avaient été commandés pour amortir la chute à terre du géant. » (*Les journaux.*)
Certains corps, habituellement si rigides, servent quelquefois à des exercices plus élastiques.
(*Kladderadatsch*, de Berlin, 12 septembre 1909.)

La Conquête de l'Air.

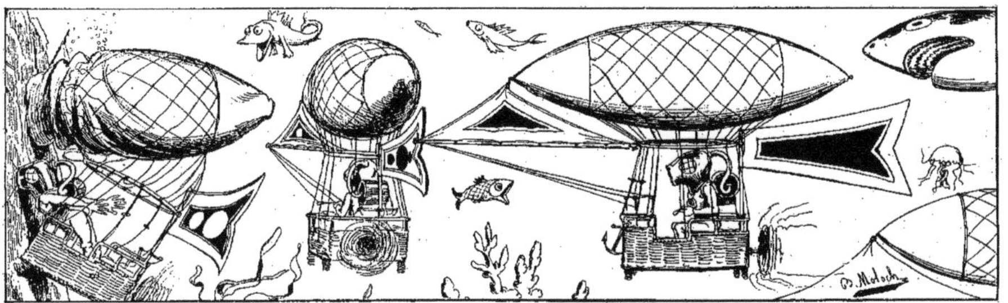

Ballons dirigeables, moteur électrique permettant de marcher même contre le vent. Il est vrai que ces appareils
ne sont jusqu'à présent que sous-marins.

SIMPLES NOTES SUR LES MACHINES VOLANTES

*A M. Deutsch de la Meurthe, qui est, de
nos jours, pour l'aviation, ce que les fermiers
généraux furent, au XVIIIe siècle, pour l'Art
et les artistes.*

I

COMME QUOI, PRIVÉ D'AILES, L'HOMME N'EN A PAS MOINS TOUJOURS CHERCHÉ A POUVOIR VOLER ARTIFICIELLEMENT

« Des ailes ! Des ailes ! » c'est le cri d'appel que pousse un des héros d'Aristophane dans la comédie des *Oiseaux*.

« Des ailes ! Des ailes ! » Ce fut le cri de ralliement de tous les illuminés qui, depuis l'origine du monde, subissant l'attirance du domaine aérien, se laissèrent aller, pauvres imprudents, à esquisser le geste hiératique déjà traduit sur la pierre par les Égyptiens, et vinrent, bras ouverts et largement étendus, s'abîmer dans les profondeurs de l'espace.

C'est Icare qui, pour avoir voulu voler trop haut, voit la cire de ses ailes se fondre à la chaleur du soleil ; — c'est Baldud, père du fameux roi Lear, qui, voulant s'élever au-dessus de sa capitale Trinovante, vint simplement *se casser le nez* sur un temple d'Apollon ; — c'est Olivier de Malmesbury, le savant bénédictin anglais, qui voulant, des ailes aux bras et aux pieds, prendre son vol du haut d'une tour, endommagea, non moins gravement, son indi-

vidu ; — c'est, sous le règne d'Emmanuel Comnène, à Constantinople, un Sarrasin, plus ou moins magicien, qui, vêtu, pour la circonstance, d'une longue et large robe blanche dont les pans retroussés, avec de l'osier, lui devaient servir de voile, du haut de la tour de l'Hippodrome, s'élève dans les airs comme un oiseau et va se briser les os, à terre, comme Icare.

Vole, vole, Sarrasin ! lui criait la foule impatiente, au dire d'un chroniqueur, *et ne nous tiens pas un si long temps en suspens.*

Foule sans pitié, qui a payé sa place et qui veut jouir du spectacle promis de *l'homme volant,* — un des *circenses* de la représentation, — foule qui siffle celui qui la prive du numéro annoncé.

Des ailes ! Des bonnes ailes pour voler ! Les histoires, les chroniques vous diront qu'il est des gens qui en fabriquèrent et surent s'en servir. Tel ce Jean-Baptiste Dante, de Pérouse, qui, *volateur* émérite, — le mot est trop pitto-

resque pour ne pas être retenu, — serait allé
jusqu'à passer ainsi un bras du lac de Trasimène,
ce qui ne l'empêcha pas, un jour qu'il voulait
s'offrir en spectacle à ses concitoyens, le fer
d'une de ses ailes s'étant cassé, de tomber sur
le toit d'une église, et de se relever la cuisse
endommagée.

Il n'y a pas que la folie des grandeurs, il y
eut bien réellement, on peut le constater, la
folie de l'*ascension*, de la *volation*, folie due,
peut-être bien, aux *élévations* de *saints personnages*.

Allard, le célèbre danseur du temps de
Louis XIV, à force de sauter et de pirouetter
sur la corde raide, n'en était-il pas arrivé à se
croire capable de voler ! Si bien qu'un jour,
avec des ailes, lui aussi, prenant son vol du
haut de la terrasse de Saint-Germain, devant le
Roi et la Cour, le voilà qui va tomber prosaï-
quement et s'abîmer douloureusement sur la
terre basse.

Pigeon vole ! Oiseau volé ! Homme vole et...
se tue.

Et voici qui est encore plus caractéristique.
Le grave *Journal des Savans* en 1673, 1675,
1677, 1678, ouvre ses colonnes aux exploits des
volateurs qui, eux, se la cassent, vertébralement.
— Qu'on veuille bien me pardonner mon irres-
pect et mon incorrection ! — C'est un nommé
Bernoin à Francfort ; c'est un nommé *Estl* à
Amsterdam. Et notre docte « Journal » donne
la machine construite avec quatre ailes par le
sieur Besnier, serrurier de Sablé, qui plus mo-
deste, lui au moins, ne prétend pas à de *hautes
voleries,* mais affirme pouvoir, en partant d'un
lieu médiocrement élevé, passer aisément une
rivière d'une largeur considérable, « l'ayant déjà
fait de plusieurs distances et de différentes hauteurs ». C'est toute une école, tout un entraî-
nement. Besnier commence d'abord par s'élever
de dessus un escabeau, ensuite de dessus une
table ; après, d'une fenêtre médiocrement
haute, puis d'un second étage et enfin d'un gre-
nier d'où il passera par-dessus les maisons de
son voisinage. Plus sage que ses prédécesseurs,
il négligea les terrasses et les tours et s'en
trouva bien, ce semble.

Moins heureux, le marquis de Bacqueville
qui, au XVIII⁰ siècle, s'envole d'une fenêtre de
son hôtel sur la Seine, ira tomber sur un bateau
de blanchisseuse.

Pauvres fous, pauvres illuminés, victimes de
la tradition classique, se croyant, sans doute,
appelés à perpétuer les mystères insondables
des civilisations primitives : les ailes de Sa-
turne, l'aigle de Jupiter, les paons de Junon,
les colombes de Vénus, les chevaux ailés du
Soleil, les ailes de Mercure et celles dont il fit
don à Persée pour l'aider à combattre Méduse,
Pégase lui-même dompté par Bellérophon.

Toute la féerie fabuleuse des personnages
ailés ou des machines volantes : Abaris faisant,
au dire de Diodore de Sicile, le tour de la terre
en volant ; la colombe de bois d'Architas, le philosophe de Tarente, pouvant voler, nous dit-on,
« par une force mécanique et un esprit occulte
qui y étaient renfermés » ; la mouche de métal,
l'aigle de fer de *Regimontanus* le savant mathé-
maticien de Nuremberg, oiseaux artificiels,
auxquels la tradition donna longtemps je ne
sais quel aspect fantastique et fabuleux.

La colombe d'Architas, — des savants dispu-
tèrent à perte de vue pour savoir si elle avait
pu ou non voler par ses propres forces. Et tous
arrivèrent, plus ou moins, à cette conclusion :
l'homme peut voler comme cette colombe volait.

Le vol, la *volation*, était bien réellement dans
l'air. Certains ne veulent-ils pas que le moine
Roger Bacon, déjà inventeur plus ou moins
breveté de tant de choses, soit, également, l'inventeur des *machines volantes* parce qu'il a
écrit, quelque part, que *pouvaient être faites
des machines pour voler.* Certains n'affirment-ils
pas que Léonard de Vinci, dont on trouvera ici
même les croquis remarquables de vie et de
mouvement ; qui observa et étudia avec l'esprit
d'un savant moderne le vol des oiseaux ; qui
esquissa en maître de véritables projets de machines mues par la force humaine, *était arrivé
à pratiquer l'art du vol.*

Chimères que tout cela !

La vérité, c'est que, de tout temps, la hantise
du surnaturel, le désir des mouvements ascen-
sionnels poussa l'homme à la conquête aérienne.
Les auteurs de certaines dissertations sur ce
sujet spécial n'iront-ils pas jusqu'à proposer
qu'il soit appris aux enfants à voler graduelle-
ment, en les prenant, pour ce faire, dès l'âge le

plus tendre. Leçons de *volerie*, de *volaterie*, comme il y a des leçons de gymnastique ! Accoutumez-les, disent-ils, de bonne heure aux périls ; attachez-leur des ailes aux épaules et aux mains ; mettez à leurs pieds d'autres ailes faites sur le modèle des pattes des oies ; prenez l'enfant entre vos bras et élevez-le dans l'air ; commencez à lui faire développer ses ailes en le soutenant, lâchez-le ensuite ; et si vous remarquez qu'il tombe, accourez à lui et relevez-le ; continuez, de jour en jour, à lui faire faire ce même exercice, il y acquerra peu à peu de nouvelles forces, une aptitude admirable et l'expérience le rendra d'une habileté incomparable.

Ils ne doutaient de rien, nos professeurs *ès volerie*. Jean Wilkins, évêque de Chester qui, dans sa *Magie mathématique*, imprimée à Londres en 1648, a, lui aussi, disserté sur le vol, énumérant quatre manières différentes pour s'élever dans les airs : 1° Par les esprits ou anges ; 2° Au moyen des oiseaux ; 3° Avec des ailes attachées immédiatement au corps ; 4° Au moyen d'un char volant, — estime que si tant de *volateurs* sont tombés, se sont cassé bras ou jambes, c'est à leur manque d'usage, c'est à leur défaut de hardiesse que ces accidents doivent être attribués. « Celui qui voudra réussir dans ce genre », dit-il, « devra premièrement faire servir les ailes à ce seul usage, courir comme une autruche ou une oie domestique, toucher la terre de la pointe des pieds seulement, et ainsi, apprendre par degrés à s'élever plus haut, jusqu'à ce qu'il parvienne à un certain point de fermeté et d'adresse. »

Ainsi donc, si l'on devait s'en rapporter à tous ces savants et indigestes dissertateurs, il y aurait réellement un genre, un art de voler, une science et une éducation de la *volaterie*.

Étonnez-vous, après cela, que des gens plus crédules que profonds aient affirmé sur l'honneur *avoir vu des gens voler !*

Qu'au IX° siècle on ait pu croire — comme le bruit s'en était répandu à Lyon et dans les provinces voisines — que des « enchanteurs » *venaient tous les ans, par le milieu des airs, avec des navires, pour détruire les récoltes*, et pour charger tous les grains gâtés par la tempête — cela se conçoit encore à des époques reculées ; — mais qu'en plein XVIII° siècle, trois

membres de l'Académie de Lyon rapportent, le plus sérieusement du monde, dans une grave dissertation, que le Père Grimaldi aurait effectué heureusement la traversée de Calais à Douvres, en 1751, voilà qui dépasse peut-être un peu les bornes de la crédulité permise.

Étonnez-vous, également, que certaines feuilles d'imagerie, que certains placards populaires, reproduits ici pour la première fois, aient pu représenter des poissons volants chevauchés par de hardis navigateurs et fendant les airs, d'un point à un autre, à jour fixe, — fait véridique, *puisqu'il a été pris sur le vif*, puisqu'il a été, j'allais dire *photographié* par des artistes ; tel un vol de Wright ou de Blériot.

Satire, blague, canard, allez-vous m'objecter. Dans l'esprit du graveur, peut-être, mais nullement dans l'esprit naïf et crédule du bon peuple, de l'habitant des campagnes qui, à force d'entendre prononcer les mots : *homme volant, machine volante, poisson volant,* en était arrivé à ne plus pouvoir distinguer le rêve de la réalité ; à ne plus savoir qui du « Vaisseau volant», de Blanchard, ou des premiers globes aérostatiques, de Montgolfier, avait fendu les airs.

Du jour où la première machine volante put s'élever librement, tout le monde se mit à regarder en l'air, chacun prétendit avoir vu voler.

N'était-ce pas la réalisation d'un désir parfaitement logique ; n'était-ce pas l'application des théories, si longtemps émises, sur la possibilité du vol aérien ; n'était-ce pas le couronnement du rêve : voler, s'élever, planer, alors même que les ailes faisaient défaut ?

N'était-ce pas la conquête du dernier élément non encore asservi ; n'était-ce pas pour l'homme la pleine possession, le complet rayonnement de ses facultés ?

L'homme marche ; l'homme nage ; pourquoi ne volerait-il pas ? L'homme peut se mouvoir sur terre et sur eau ; pourquoi ne pourrait-il pas, également, naviguer dans les airs ?

Voilà ce qui se disaient les esprits subtils d'autrefois. Voilà ce qui ensorcelait les esprits crédules des contemporains.

Voilà le point d'interrogation que posait à son auditoire à Tubingue, en 1647, Frédéric-Herman Fleyder, au cours d'une de ses dissertations. « Puisqu'il lui est accordé », s'écriait-il, « de jouir de l'art de nager, du poisson, pourquoi l'art du vol de l'oiseau lui manquerait-il ? »

C'est parfaitement logique, mais encore fallait-il en trouver le moyen.

Il est vrai que nos ancêtres, en leur enthousiasme, ne s'embarrassaient point pour si peu, et que le moyen leur paraissait d'une extrême simplicité, étant donnée la prédisposition naturelle de l'homme à la *volation*, à l'*envolement*.

En doutez-vous ? On vous renverra à Jean-Baptiste Van Helmont, ou plutôt à l'effet mirifique produit sur la foule qui l'entourait par une dissertation de ce dernier, à Bruxelles, en présence de l'infant don Emmanuel de Portugal. Caramuel, un assistant, rapporte que Van Helmont y employa tant d'érudition, tant d'éloquence et de chaleur, que tous ses auditeurs en furent émus, impressionnés, à tel point, qu'au sortir de là, il leur paraissait à tous qu'ils n'avaient plus qu'à se munir d'ailes aux mains et aux pieds pour pouvoir voler en gens exercés.

Entrer dans une salle de conférences, en marchant sur ses jambes, comme le commun des mortels, et en sortir avec les ailes... de la foi, aux pieds et aux mains, voilà qui n'est point banal et qui serait digne de figurer au répertoire de Lourdes ou autres lieux à miracles.

Aujourd'hui, tout cela nous paraît étrangement fantastique, surtout quelque peu puéril. Et cependant, ce fut une des étapes de l'esprit humain à la conquête de l'air.

De ces tâtonnements, de ces recherches, de ces illusions, on ne saurait être surpris. Il est dans la règle et dans la logique des choses de procéder par périodes d'essais, par étapes successives. Le domaine des connaissances générales ne s'est pas créé tout d'une pièce : la terre, elle-même, ne fut pas conquise en un jour.

N'a-t-il pas fallu, après maintes tentatives plus ou moins ignorées, attendre Christophe Colomb pour arriver à la découverte du nouveau monde ?

Et, dans l'ancien monde lui-même, est-ce que des siècles n'ont pas été nécessaires pour arriver à la découverte de ces cimes élevées qui, si longtemps, jetèrent l'effroi : j'ai nommé les montagnes.

Et l'eau, donc ! avec ses inconnus, avec ses terribles mystères de l'en-dessous ! Si avec les engins les plus primitifs, on a toujours pu naviguer sur ses flots, combien de siècles n'a-t-il pas fallu pour lui arracher les secrets de ses profondeurs !

Maître de la terre et des eaux, armé scientifiquement comme il ne l'était pas, autrefois, l'homme revient aujourd'hui à son vieux rêve de *volation*, à ses désirs d'un au-delà jusqu'alors infranchissable. Les moyens ont pu changer, le but à atteindre reste identique.

Au rêve d'autrefois, imiter l'oiseau, voler en étendant les bras, nager dans les airs comme on nage dans l'eau, il a substitué tout un mode, toute une série d'appareils de locomotion lui permettant de s'envoler, de s'élever en des régions nouvelles.

Machines compliquées, véritables chefs-d'œuvre de mécanique ; tel l'*avion* d'Ader étendant des ailes en forme de chauve-souris ; tel l'appareil Tatin-Richet ; tel l'appareil Penaud, le premier planeur qui se soit soutenu et qui ait évolué par ses propres moyens.

Ou bien appareils plus simples, mais suffisamment grands pour pouvoir porter un homme. Et alors ce furent les vols et les glissades aériennes de l'allemand Lilienthal (1891-1896), se lançant d'endroits élevés à l'ancienne mode, de l'anglais Pilcher (1899), se faisant remorquer par des chevaux lancés au galop, des Américains Chanute et Wright, du brésilien Santos-Dumont, des Français Renard, Ferber, de La Vaux, Voisin, Farman, Blériot.

Cerfs-volant ou oiseaux gigantesques, monoplans, biplans, polyplans. Vols mécaniques inaugurés pour la première fois par Ader, le 17 octobre 1897, se substituant aux vols purement fantaisistes d'autrefois ; vols *constatés*, aperçus, signalés et, bientôt, se faisant contrôler officiellement avec Santos-Dumont (22 août 1906).

Aux vols invraisemblables de la légende, les vols scientifiques de la réalité.

Tant et si bien que voilà l'homme parvenu à la conquête de ses dernières aspirations ; à la conquête de la faculté qui doit nous donner *l'être complet*, marchant sur terre, naviguant sur les eaux et dans les airs.

Fascicule II. — **Prix : UN fr.**
AVEC DEUX SUPPLÉMENTS

JOHN GRAND-CARTERET et LÉO DELTEIL

SOMMAIRE DU FASCICULE II
(Texte et Images)

Les ancêtres de Blériot dans l'entreprise de la traversée de la Manche (traversée de Douvres à Calais par Blanchard et Jeffries, 1785. — Tentative malheureuse de Calais à Douvres, par Pilâtre de Rosier et Romain, 1785).

Les Ballons considérés comme moyen d'invasion (divers projets sur la descente en Angleterre).

Les Hommes volants dans la fiction et dans l'invention humaine (appareil de Besnier, 1678).

Les Hommes volants dans l'imagination des romanciers (*Les aventures de Pierre Wilkins*, 1763; *La découverte australe par un homme volant*, de Restif de la Bretonne, 1781).

Catastrophe du Mercure moderne ou On ne vole pas toujours (caricature de 1812 sur Degen, dit « Vol au Vent »).

Les Représentations de vol aérien dans les jardins de plaisir (an VIII).

Les Machines volantes qui jamais ne volèrent (caricature de la *Mode*. — Appareil de Kaufmann).

Hensons Luftdampfwagen (1844).

L'Ancêtre du plus lourd que l'air et la Photographie aérienne (caricatures de Gill et de Daumier sur Nadar, 1860-67).

Une expérience tragique : la mort de Lilienthal (1896).

Comment les artistes modernes conçoivent les hommes volants (dessins de Tiret-Bognet, 1902, et de Caran d'Ache, 1901).

Prospectus amusants (1878-1880).

(Suppléments hors texte)

Poisson aérostatique enlevé à Plazentia le 10 mars 1784.

La traversée de la Manche et la caricature étrangère.

LIBRAIRIE DES ANNALES, 9, rue Bonaparte, PARIS

tations. « Puisqu'il lui est accordé », s'écriait-il, « de jouir de l'art de nager, du poisson, pourquoi l'art du vol de l'oiseau lui manquerait-il ? »

C'est parfaitement logique, mais encore fallait-il en trouver le moyen.

Il est vrai que nos ancêtres, en leur enthousiasme, ne s'embarrassaient point pour si peu, et que le moyen leur paraissait d'une extrême simplicité, étant donnée la prédisposition naturelle de l'homme à la *volation*, à l'*envolement*.

En doutez-vous ? On vous renverra à Jean-Baptiste Van Helmont, ou plutôt à l'effet mirifique produit sur la foule qui l'entourait par une dissertation de ce dernier, à Bruxelles, en présence de l'infant don Emmanuel de Portugal. Caramuel, un assistant, rapporte que Van Helmont y employa tant d'érudition, tant d'éloquence et de chaleur, que tous ses auditeurs en furent émus, impressionnés, à tel point, qu'au sortir de là, il leur paraissait à tous qu'ils n'avaient plus qu'à se munir d'ailes aux mains et aux pieds pour pouvoir voler en gens exercés.

Entrer dans une salle de conférences, en marchant sur ses jambes, comme le commun des mortels, et en sortir avec les ailes... de la foi, aux pieds et aux mains, voilà qui n'est point banal et qui serait digne de figurer au répertoire de Lourdes ou autres lieux à miracles.

Aujourd'hui, tout cela nous paraît étrangement fantastique, surtout quelque peu puéril. Et cependant, ce fut une des étapes de l'esprit humain à la conquête de l'air.

De ces tâtonnements, de ces recherches, de ces illusions, on ne saurait être surpris. Il est dans la règle et dans la logique des choses de procéder par périodes d'essais, par étapes successives. Le domaine des connaissances générales ne s'est pas créé tout d'une pièce : la terre, elle-même, ne fut pas conquise en un jour.

N'a-t-il pas fallu, après maintes tentatives plus ou moins ignorées, attendre Christophe Colomb pour arriver à la découverte du nouveau monde ?

Et, dans l'ancien monde lui-même, est-ce que des siècles n'ont pas été nécessaires pour arriver à la découverte de ces cimes élevées qui, si longtemps, jetèrent l'effroi : j'ai nommé les montagnes.

Et l'eau, donc ! avec ses inconnus, avec ses terribles mystères de l'en-dessous ! Si avec les engins les plus primitifs, on a toujours pu naviguer sur ses flots, combien de siècles n'a-t-il pas fallu pour lui arracher les secrets de ses profondeurs !

Maître de la terre et des eaux, armé scientifiquement comme il ne l'était pas, autrefois, l'homme revient aujourd'hui à son vieux rêve de *volation*, à ses désirs d'un au-delà jusqu'alors infranchissable. Les moyens ont pu changer, le but à atteindre reste identique.

Au rêve d'autrefois, imiter l'oiseau, voler en étendant les bras, nager dans les airs comme on nage dans l'eau, il a substitué tout un mode, toute une série d'appareils de locomotion lui permettant de s'envoler, de s'élever en des régions nouvelles.

Machines compliquées, véritables chefs-d'œuvre de mécanique ; tel l'*avion* d'Ader étendant des ailes en forme de chauve-souris ; tel l'appareil Tatin-Richet ; tel l'appareil Penaud, le premier planeur qui se soit soutenu et qui ait évolué par ses propres moyens.

Ou bien appareils plus simples, mais suffisamment grands pour pouvoir porter un homme. Et alors ce furent les vols et les glissades aériennes de l'allemand Lilienthal (1891-1896), se lançant d'endroits élevés à l'ancienne mode, de l'anglais Pilcher (1899), se faisant remorquer par des chevaux lancés au galop, des Américains Chanute et Wright, du brésilien Santos-Dumont, des Français Renard, Ferber, de La Vaux, Voisin, Farman, Blériot.

Cerfs-volant ou oiseaux gigantesques, monoplans, biplans, polyplans. Vols mécaniques inaugurés pour la première fois par Ader, le 17 octobre 1897, se substituant aux vols purement fantaisistes d'autrefois ; vols *constatés*, aperçus, signalés et, bientôt, se faisant contrôler officiellement avec Santos-Dumont (22 août 1906).

Aux vols invraisemblables de la légende, les vols scientifiques de la réalité.

Tant et si bien que voilà l'homme parvenu à la conquête de ses dernières aspirations ; à la conquête de la faculté qui doit nous donner *l'être complet*, marchant sur terre, naviguant sur les eaux et dans les airs.

Fascicule II. — *Prix : UN fr.*
AVEC DEUX SUPPLÉMENTS

JOHN GRAND=CARTERET et LÉO DELTEIL

LIBRAIRIE DES ANNALES, 9, rue Bonaparte, PARIS

Fascicule III. — *Prix : UN fr.*
AVEC DEUX SUPPLÉMENTS

JOHN GRAND-CARTERET et LÉO DELTEIL

SOMMAIRE DU FASCICULE III
(Texte et Images)

LIBRAIRIE DES ANNALES, 9, rue Bonaparte, PARIS

Fascicule IV. — *Prix : UN fr.*

AVEC DEUX SUPPLÉMENTS

JOHN GRAND-CARTERET et LÉO DELTEIL

SOMMAIRE DU FASCICULE IV
(Texte et Images)

Mécanique du Vaisseau-volant de Blanchard.

Deux curieux projets : la flottille aérostatique de Dupuis-Delcourt (1824) : L'appareil d'aviation sans moteur, de Vittorio Sarti (1828).

Les Ballons à l'Hippodrome (1845-1852).

La Propulsion mécanique des aérostats : Le ballon-navire de Lennox (1834).

Une Caricature allemande sur les voyages de Green (1840).

Les Inventions folles : « Le Domitor. »

Ascension de Sadler à Hackney (1811).

Le Ballon dans l'affiche illustrée.

Les Ballons de Charles et Robert, dans l'imagerie du XVIIIᵉ siècle.

La Ballomanie : Caricatures sur les ascensions de l'aéronaute équestre Poitevin (1850).

Projets de ballons dirigeables à voiles et à roues, au XVIIIᵉ siècle.

Menus et invitations avec ballons.

Imagerie satirique : Homme volant à l'aide d'air inflammable (XVIIIᵉ siècle).

Les Ballons durant le Siège de Paris.

Aéroplanes et dirigeables dans la caricature étrangère.

(Suppléments hors texte)

Figure aérostatique lancée à Berne le 3 juin 1790.

La nacelle d'un aérostat au XVIIIᵉ siècle : Lunardi et madame Sage.

LIBRAIRIE DES ANNALES, 9, rue Bonaparte, PARIS

Fascicule V. — *Prix : UN fr.*
AVEC DEUX SUPPLÉMENTS

JOHN GRAND-CARTERET et LÉO DELTEIL

SOMMAIRE DU FASCICULE V

(Texte et Images)

LIBRAIRIE DES ANNALES, 9, rue Bonaparte, PARIS

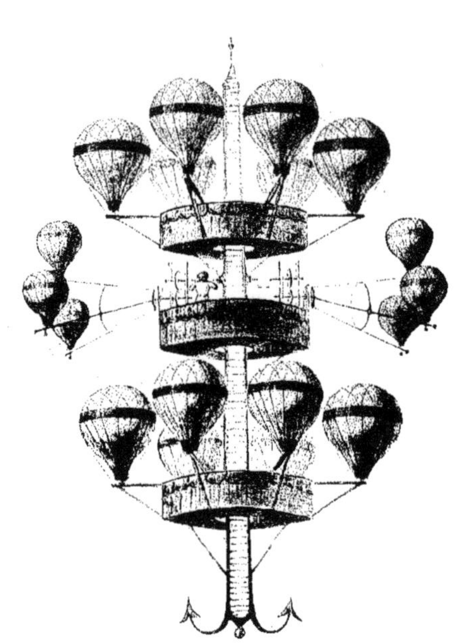

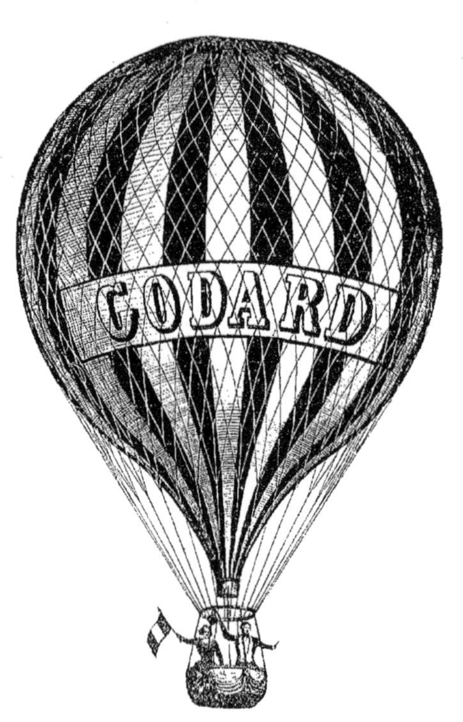
GODARD

PARIS. — TYP. PH. RENOUARD — 1900

www.ingramcontent.com/pod-product-compliance
Ingram Content Group UK Ltd.
Pitfield, Milton Keynes, MK11 3LW, UK
UKHW020211130726
13696UKWH00002B/840